看图算量系列丛书

U0270919

构筑物工程清单算量典型实例图解

工程造价员网

张国栋　主编

中国建筑工业出版社

图书在版编目（CIP）数据

构筑物工程清单算量典型实例图解/张国栋主
编. —北京：中国建筑工业出版社，2014.7
（看图算量系列丛书）
ISBN 978-7-112-17013-5

Ⅰ.①构… Ⅱ.①张… Ⅲ.①建筑工程-工程造
价-图解 Ⅳ.①TU723.3-64

中国版本图书馆 CIP 数据核字（2014）第 135929 号

本书根据《建设工程工程量清单计价规范》GB 50500—2013 和《构筑物工程工程量
计算规范》GB 50860—2013 的有关内容，较详细地介绍了构筑物工程的工程量清单项目、
基础知识、计算规则、计算方法及实例。全书以清单划分基准为原则精选实例，设置实例
均是以"题干、图示—2013 清单和 2008 清单对照—解题思路及技巧—清单工程量计算—
贴心助手—清单工程量计算表的填写"六个步骤进行。为了帮助读者了解计算方法及要
点，特设置"解题思路及技巧"及"贴心助手"小贴士，便于读者理解和掌握。

责任编辑：郦锁林　赵晓菲　朱晓瑜
责任设计：张　虹
责任校对：张　颖　刘梦然

看图算量系列丛书
构筑物工程清单算量典型实例图解
工程造价员网
张国栋　主编
＊
中国建筑工业出版社出版、发行（北京西郊百万庄）
各地新华书店、建筑书店经销
北京科地亚盟排版公司制版
北京市密东印刷有限公司印刷
＊
开本：787×960 毫米　1/16　印张：8　字数：173 千字
2014 年 11 月第一版　2014 年 11 月第一次印刷
定价：**22.00** 元
ISBN 978 - 7 - 112 - 17013 - 5
（25221）

编写人员名单

主　编　张国栋

参　编　程文娟　张金铃　王春花　王丽格

　　　　张留纪　郭芸芸　洪　岩　邵夏蕊

　　　　马　波　李怀明　徐建灵　李银平

　　　　刘伟莎　刘建伟　李晓静　张海迪

前　言

本书根据《构筑物工程工程量计算规范》GB 50860—2013、《建设工程工程量清单计价规范》GB 50500—2013 和《建设工程工程量清单计价规范》GB 50500—2008 的相关内容，较详细地、系统地介绍了 2013 清单规范与 2008 清单规范的相同和不同之处，以及怎样结合图形进行工程量清单算量。全书在理论与方法上进行了通俗易懂的阐述，同时给出有解题思路及技巧和贴心助手，心贴心地为读者服务。

全书内容包括混凝土构筑物工程和砌体构筑物工程。书中所列例题均是经过精挑细选，结合清单项目进行编排，做到了系统上的完善。

通过本书的学习，使读者在较短的时间内掌握工程量清单计价的基本理论与方法，达到较熟练地运用《构筑物工程工程量计算规范》GB 50860—2013、《建设工程工程量清单计价规范》GB 50500—2013 编制工程量清单和进行工程量清单算量的目的。

本书与同类书相比，具有以下几个显著特点：

（1）2013 清单与 2008 清单对照，采用表格上下对照形式，新旧规范的区别与联系一目了然，帮助读者快速掌握新清单的规定与计算规则。

（2）例题解答中增设"解题思路及技巧"，打开读者思路，引导读者快速进入角色。针对性和实用性强，注意整体的逻辑性和连贯性。

（3）"贴心助手"，对计算过程中的数字进行一一解释说明，解决读者对计算过程中数据来源不清楚的苦恼，方便快速学习和使用。

（4）计算过程清晰明了，图题两对照，便于理解。

（5）最后根据题干和计算结果填写清单工程量计算表，便于快速查阅清单项目以及计算的正确性。

本书在编写过程中得到了许多同行的支持与帮助，借此表示感谢。由于编者水平有限和时间的限制，书中难免有错误和不妥之处，望广大读者批评指正。如有疑问，请登录 www. ysypx. com（预算员培训网）或 www. gczjy. com（工程造价员培训网）或 www. gclqd. com（工程量清单计价数字图书网）或 www. jbjsys. com（基本建设预算网），或 www. jbjsys. com（基本建设造价网）或发邮件至 zz6219@163. com 或 dlwhgs@tom. com 与编者联系。

目　录

第一部分　构筑物工程清单讲解

第二部分　清单算量典型实例

第一部分 构筑物工程 清单讲解

第一章　混凝土构筑物工程

第一节　池　类
（编码：070101）

一、名词解释

（一）项目名称

池类：用于存贮水、油的池子称为"贮水（油）池"。以贮水池来说，有清水池、污水池、吸水池、循环水水池、热（冷）水池等。钢筋混凝土贮水（油）池，不论其外观构造形式如何，都是由池底、池壁、顶盖和附属构配件（进入口、金属盖板、钢爬梯、检修平台、通风帽、通风管）等组成。有的水池设有隔墙和柱子，也有不设顶盖和附属构配件的。

如图 1-1 所示，实际施工中的贮水（油）池是按池底板、池壁、池顶板、池内柱、池隔墙几个部分算出模板工程量再套定额。

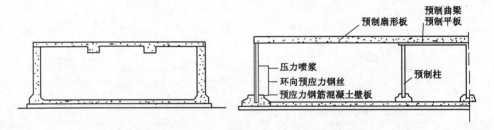

图 1-1　贮水（油）池

现浇圆形钢筋混凝土施工中，常用的为方柱斜撑支模方法。

图 1-2 某水池无支撑支模施工，某水池内径 10m，壁高 46m，壁厚 200mm，采用无支撑支模施工方式，先立内模，绑扎钢筋，再立外模。为了使模板有足够的承载力、刚度和稳定性，内外模用拉结止水螺栓紧固，内模里圈用花篮螺丝、拉条拉紧。

浇筑混凝土时应沿池壁四周均匀对称地进行，每层高度约为 20～25cm，并设专人检查花篮螺丝、拉条的松紧，防止模板走动。混凝土逐层浇捣到临时撑木部位，随时将撑木取出，切勿遗忘。

（二）项目特征

1. 水池的分类

（1）砖砌水池，包括：

1）砖壁、砖薄壳顶盖及水池。

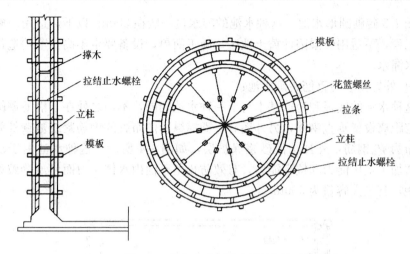

图 1-2　某水池无支撑支模施工

2）砖壁、预制蜂窝式无筋混凝土顶盖水池。

3）砖砌池壁、预制扇形板顶盖水池。

4）外置预应力筋砖水池。

（2）钢筋混凝土水池有以下五种类型：

1）全部现浇钢筋混凝土水池（池底、池壁、池顶全现浇）。

2）现浇池壁预制顶盖水池。

3）预应力钢筋混凝土池壁水池。

4）壁板及顶盖全部预制装配式钢筋混凝土水池。

5）预制池壁，现浇钢筋混凝土顶盖水池。

（3）水池按平面形状分类：

1）圆形水池（如圆形砖砌水池）。

2）矩形水池（如钢筋混凝土矩形水池）。

（4）水池的构造特点及使用性能：

1）砖砌圆形水池：

普通标准黏土砖砌筑池壁，池壁厚度为 370mm（一砖半），砖筑砂浆一般要具有一定的抗压强度；水池底板要用一定强度的钢筋混凝土现浇板；顶盖一般为 1/4 砖或 1/2 砖薄壳或预制的扇形板顶盖。为了增强结构稳定性，还可以在水池池壁一定高度，设置 1~2 道钢筋混凝土圈梁，如图 1-3 所示。

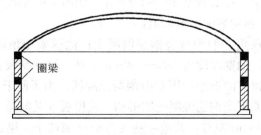

图 1-3　砖砌圆形水池

图 1-3 砖砌圆形水池，这种水池的容水量一般在 $300m^3$ 以下，适用一般小型给水工程，不适用于湿陷性黄土地区。施工简单，设备要求不高，节约造价，但易渗水漏水。

2）外置预应力钢筋砖砌水池：

这种水池的底板和池壁基本与上一种水池相同，不同之处在于沿池壁圆周每隔一定距离设置垂直钢筋，另外还有一圈横纵两向布置的钢筋紧绕池壁外侧。钢筋分布为 $\phi6$ 钢筋，外抹水泥砂浆保护层，如图 1-4 所示。这种水池由于加设钢筋而增加了抗压能力和抗震能力，有效防止由于池内水体压力而使池壁破裂的现象发生，其最大容量为 $500m^3$。

图 1-4 外置预应力钢筋砖砌水池

3）现浇钢筋混凝土圆形水池：

池底、池壁、池盖均为钢筋混凝土材料，混凝土强度应大于 C20，池壁厚 150～250mm。池底、池壁现浇，顶盖可以现浇，也可以预制。如图 1-5 所示。这种水池属于中小型的供水水池，与前两种水池比较，其整体性、抗渗性和耐久性均优，目前使用比较广泛。

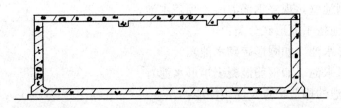

图 1-5 现浇式水池

4）钢筋混凝土矩形水池：

这种水池有现浇整体式与装配式两种，现浇矩形水池池壁厚度一般为 300～500mm；装配式水池底板现浇，池壁做成 L 形壁板，厚 150～250mm，池壁与池底的接头留在底板上，接头宽度 400～500mm。如图 1-6 所示。

5）钢筋混凝土预制装配圆形水池：

水池的底板和顶盖一般为现浇钢筋混凝土；池壁采用预制弧形钢筋混凝土板，现场装配而成，池壁厚度为 180～250mm，每一块预制板宽约 1～1.5m，相邻壁板间的连接处留有凹形槽，用 C40 混凝土灌缝。为了便于水池壁板与池底的连接，要在底板外圈现浇钢筋混凝土凹形槽，使壁板安装时插入槽内，用细石混凝土灌缝，槽深 250mm 左右，其他一些支撑构件如柱子、梁、扇形板等均为预制安装。如图 1-7 所示。

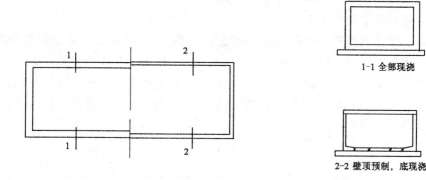

图 1-6　装配式水池

图 1-7　钢筋混凝土预制装配圆形水池

6）预应力钢筋混凝土水池：

这种水池一般也呈圆形。池底及壁槽同装配式水池，为现浇钢筋混凝土制作。池壁为预应力或非预应力钢筋混凝土板，并在外侧增加环形水平的预应力钢丝或钢筋，以增加池壁的承压能力。钢筋外喷涂 40mm 厚水泥砂浆，再涂刷乳化沥青。池壁板厚约为 150～250mm。池顶可用预制钢筋混凝土扇形板安装而成，或用现浇钢筋混凝土顶板制作，其他支撑构件如柱子、梁等均同装配式水池。顶板面上铺 35～40mm 厚的 C20 细石混凝土找平层，再铺两毡三油防水层。如图 1-8所示。这种水池受力性能好，储水量较大，目前使用比较普遍。

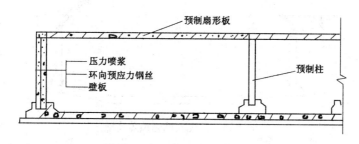

图 1-8　预应力钢筋混凝土水池

2. 油池（又称油罐）的分类

（1）砖壁油罐：

底板和顶板由现浇或预制的钢筋混凝土板制作；池壁为红砖砌筑，池壁厚度370mm 左右，一般采用地下式或半地下式的圆形结构，贮油量在数百吨至千吨之间，属中小型油罐，结构与砖壁水池相似。

（2）梁板式平顶盖油罐：

罐底、罐顶及侧壁一般都为钢筋混凝土，罐底现浇，侧壁与顶盖多为预制。这种油罐坐落于地下，呈地下式或半地下式。由于顶盖下有柱子和梁支撑，呈梁板状，故称为梁板式平顶盖油罐。梁下柱网多呈圆环形分布，还可呈方形或矩形平面布置，如图1-9所示。这种结构贮油量多在千吨以上，一般适于大、中型油罐，目前使用十分广泛。

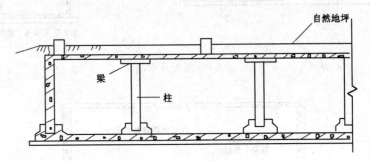

图1-9　梁下柱网分布图

（3）无梁顶盖油罐：

与无梁楼板相似，油罐顶盖下无梁而直接支承在柱上，柱网呈圆环形，每根柱子与顶盖以柱帽连接。顶盖和柱子可以现浇也可以预制。这种油罐的其他部位与有梁板顶盖油罐相同，壁200～240mm，底板厚200mm，且用防渗钢筋混凝土制作。

（4）装配式球壳顶盖油罐：

这种油罐除底板为现浇钢筋混凝土外，侧壁及顶盖均为预制装配式钢筋混凝土构件，顶盖下无梁无柱支撑，呈空间薄壳结构，底板呈凹形，如图1-10所示。

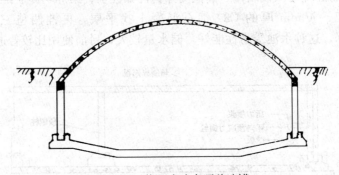

图1-10　装配式球壳顶盖油罐

这种类型油罐节约材料，有利于消防和清罐，但结构复杂，对施工技术要求很高，适合于容量较大的油罐。

（5）浮顶顶盖油罐：

这种油罐的特点在于顶盖为浮船式，直接接触油的表面，随着贮油量多少而升降。它所用的材料可全部为钢材，也可以顶盖用钢材，罐壁和罐底用钢筋混凝土制作。如图 1-11 所示。这种油罐对施工技术要求很高，且要用大量钢材，造价也较高，但有利于减少油贮的损失。

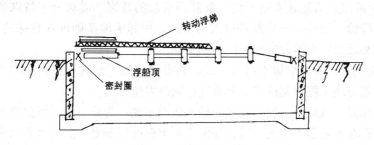

图 1-11　浮顶顶盖油罐

这种油罐施工时，要严格保证质量，壁板垂直度的偏差不能太大，否则会影响浮顶顶盖的升降。

3. 贮液池的构造

其主要功能是贮存液体（水或油等），因此在设计与施工时，要保证其具备足够的抗压、抗拉、抗震、抗渗、抗冻、保温和防腐能力。对贮液池的结构要求一般要满足如下基本条件：

（1）基本构成部位：基础多为整板基础，池壁和顶盖的构造则根据贮液池不同的容量、材料及使用要求而各不相同。

（2）材料选用：

1）制作水池的混凝土应选用水化热低及低收缩性的水泥和骨料，其混凝土的强度等级不应低于 C20。

2）钢筋一般选用 I 级、II 级预应力钢筋、冷拉 II 级和 III 级钢筋、碳素钢丝等。

3）混凝土的抗渗等级应符合有关规范要求。

4）砖的强度大于等于 MU10。

5）水泥砂浆强度大于 M7.5。

（3）构件尺寸：

1）顶板：有梁板厚一般不小于 80mm，无柱平板厚一般不小于 100mm，无梁板板厚一般不小于 120mm。

2）池壁板：单层配筋时壁厚不小于 80mm，中间配筋时壁厚不小于 60mm，双层配筋时壁厚不小于 120mm，砖砌池壁厚≥370mm，石砌池壁厚≥500mm。

3）底板：整体式平板池底厚不小于 150mm，基础底板厚不小于 200mm，混凝土垫层厚≥70mm，池底埋深不小于 500mm。

（4）板上开孔：为了满足通风检修等要求，一般要在水池顶盖上设检修孔。孔的设置要满足下列原则：

1）孔洞应尽量做成圆形。

2）孔径应小于板宽的 1/2。

3）孔洞周围应设置加强筋。

（5）温度缝、沉降缝、施工缝：

1）温度缝：为了保证贮液池在温度变化时不会因热胀冷缩而开裂，往往要设温度缝。它的设置必须贯穿水池的顶、壁和底板，一般缝宽不小于20mm。

2）沉降缝：为防止水池不均匀沉降而引起的开裂，需对处于特殊条件的水池设置沉降缝。如地基土质差别过大的水池、相邻水池基础埋深悬殊的水池等。沉降缝也必须贯穿水池顶、壁、底板和基础。

3）施工缝：一般尽量不留施工缝，当必须留施工缝时，应在构件受力较小处设置，避免施工缝引起的渗漏和温度缝同时发生作用。

（6）保温、抗冻及防腐：在寒冷地区建设水池，为防止冬天气温降低池内液体冻结，需在池顶盖上加覆土进行保温。覆土厚度根据室外温度计算而定。为防止贮液池基础受冻膨胀而发生破坏，要进行换土工作，将有冻胀危害的土换掉，回填不冻胀土。防腐处理的最简单方法是在贮液池外部抹沥青层。

（三）工程量计算规则

池模板：池的池底板、池壁、池顶板、池内柱以及池隔墙模板工程量，均按其混凝土与模板的接触面积计算，不同的模板材料及支撑材料应分别计算其工程量。

水池按其形式分为砖砌圆形水池、外置预应力钢筋砖砌水池、现浇钢筋混凝土圆形水池、钢筋混凝土矩形水池、钢筋混凝土预制装配圆形水池、预应力钢筋混凝土水池。

池壁厚370mm，用MU10红砖和M5水泥砂浆砌筑，在一定高度设置钢筋混凝土圈梁1～2道。

水池底板为钢筋混凝土，水池顶盖可用1/2或1/4水泥砂浆薄壳，也可用预制六角形C20素混凝土块拼砌，还可以在中间加预制柱及曲梁，上盖预制扇形板顶盖，如图1-12所示。

图1-12　贮水（油）池模板

水池底板为钢筋混凝土，池壁用MU10红砖和M10水泥砂浆砌筑，壁内中部每隔1～1.5m设$\phi 16$的垂直拉筋，沿圆周等距分布，把池壁与底、盖联成一个整体。池壁内抹防水砂浆五层做法，池外壁垂直分布$\phi 6@300$钢筋，再设置双股正反向交替绞扭的预应力水平钢箍，抹水泥砂浆保护层，如图1-13所示。

图1-13　钢筋混凝土水池底板

池底及池壁均为现浇钢筋混凝土，强度等级不低于C20，池壁厚度为150～200mm，池顶盖可以支模现浇，也可以将柱子、曲梁及顶盖、扇形板预制，在池壁施工完成后，进行池顶盖安装，如

图 1-14 所示。

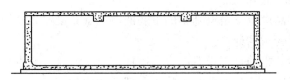

图 1-14　池顶盖安装

全现浇矩形池池壁厚度一般为 300～
500mm，池身较长时，应配置温度应力钢筋，
设置"后浇缝"，增加"滑动层"和"压缩
层"，在容易开裂部位设置"暗梁"。装配式矩
形水池池底板为现浇，池壁做成 L 形壁板，厚
150～250mm，池壁与池底的接头留在池底板
上，接头宽度一般为 400～500mm，如图 1-15
所示。

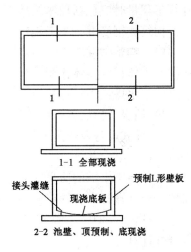

图 1-15　全现浇矩形池

水池底板及壁槽为现浇钢筋混凝土，强
度等级不低于 C20，壁槽深度一般为
250mm，池壁为 180～250mm 厚的预制板，
宽度 1～1.5m（弧形），两板接头侧面带凹形
槽，用 C40 混凝土灌缝。柱子、曲梁、扇形
板均为预制安装，有时为了增加整体
性，池顶盖也可采用现浇钢筋混凝土，
如图 1-16 所示。

贮水（油）池：定额中贮水（油）
池按构件不同分为池底、池壁和池盖三
项，计算工程量时，分构件不同计算。
对于锥底、坡底的池底，可按上节圆锥

图 1-16

等体积公式计算。池壁为圆筒形的可按上节圆筒计算公式进行。

各水池构造如图 1-17 所示。

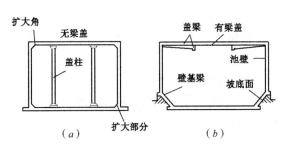

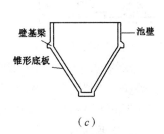

图 1-17　水池构造

平池底工程量包括池壁下部的扩大部分。

坡池底包括平底和坡底。

锥形池底的高度应算至壁基梁的下底面，无壁基梁时算至锥上口，工程量计算参考水塔中锥壳板的计算。

水池的无梁盖指的是不带梁而直接用柱支承的池盖，或直接支承在池壁上的池盖。其工程量应包括与池壁相连的扩大部分的体积。

无梁盖柱是指支承无梁池盖的柱，其高度应自池底表面算至池盖的下表面，计算工程量时应包括柱座及柱帽的体积，套柱有关定额。

构筑物钢筋混凝土工程量，按以下规定计算：

（1）构筑物混凝土除另规定者外，均按图示尺寸扣除门窗洞口及 $0.3m^2$ 以外孔洞所占体积以实体体积计算。

（2）水塔：

1）筒身与槽底以槽底连接的圈梁底为界，以上为槽底，以下为筒身。

2）筒式塔身及依附于筒身的过梁、雨篷挑檐等并入筒身体积内计算；柱式塔身、柱、梁合并计算。

这是指当水塔的筒身或支架，与水塔顶部的水箱或水槽都是钢筋混凝土时，需要分开计算各套各的定额，其分界线是圈梁。

3）塔顶及槽底，塔顶包括顶板和圈梁，槽底包括底板挑出的斜壁板和圈梁等合并计算。

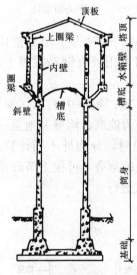

图 1-18 钢筋混凝土水塔

钢筋混凝土水塔要分为五个部分计算。即：基础、筒身、水箱壁、槽底及塔顶等，如图 1-18 所示。

（3）贮水池不分平底、锥底、坡底，均按池底计算；壁基梁、池壁不分圆形壁和矩形壁，均按池壁计算；其他项目均按现浇混凝土部分相应项目计算。

构筑物是指独立于房屋建筑之外的烟囱、水塔、贮水（油）池等。在《全国统一建筑工程基础定额》中，列出了以下几类构筑物：贮水（油）池、贮仓、水塔、倒锥形水塔、烟囱、筒仓。

在构筑物混凝土项目中不包括土方、基础垫层、抹灰、防水、脚手架等项目。上述项目应分别套用有关章节相应项目，需要抹灰者，其人工按规定增加。

带水塔的烟囱（烟囱水塔）分别执行相应的定额。

烟囱、水塔等构筑物的钢筋混凝土基础以满堂基础和环形基础为准，如设计成其他形式的基础时，应执行相应定额。

二、工程量计算

【例 1】 某贮水池如图 1-19 所示。在 C10 无筋混凝土垫层上做 C20 钢筋混凝土水池，求垫层、池底、池壁及池盖的工程量。

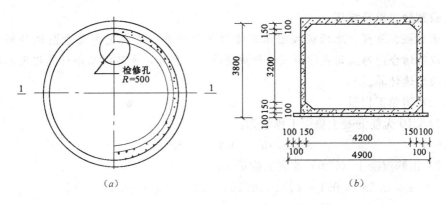

图 1-19　某贮水池

(a) 平面图；(b) 1-1 剖面

【解】　(1) 2013 清单与 2008 清单对照（表 1-1）

2013 清单与 2008 清单对照表　　　　　　　　　　　　　表 1-1

序号	清单	项目编码	项目名称	项目特征	计算单位	工程量计算规则	工作内容
1	2013 清单	070101001	池底板	1. 池形状、池深 2. 垫层材料种类、厚度 3. 混凝土种类 4. 混凝土强度等级	m³	按设计图示尺寸以体积计算，不扣除构件内钢筋、预埋铁件及单个面积 ≤0.3m² 的孔洞所占体积	1. 模板及支架（撑）制作、安装、拆除、堆放、运输及清理模内杂物、刷隔离剂等 2. 混凝土制作、运输、浇筑、振捣、养护
	2008 清单	2008 清单中无此项内容，2013 清单此项为新增加内容					
2	2013 清单	070101002	池壁	1. 池形状、池深 2. 混凝土种类 3. 混凝土强度等级 4. 壁厚	m³	按设计图示尺寸以体积计算，不扣除构件内钢筋、预埋铁件及单个面积 ≤0.3m² 的孔洞所占体积	1. 模板及支架（撑）制作、安装、拆除、堆放、运输及清理模内杂物、刷隔离剂等 2. 混凝土制作、运输、浇筑、振捣、养护
	2008 清单	2008 清单中无此项内容，2013 清单此项为新增加内容					
3	2013 清单	070101003	池顶板	1. 池形状 2. 板类型 3. 混凝土种类 4. 混凝土强度等级	m³	按设计图示尺寸以体积计算，不扣除构件内钢筋、预埋铁件及单个面积 ≤0.3m² 的孔洞所占体积	1. 模板及支架（撑）制作、安装、拆除、堆放、运输及清理模内杂物、刷隔离剂等 2. 混凝土制作、运输、浇筑、振捣、养护
	2008 清单	2008 清单中无此项内容，2013 清单此项为新增加内容					

✾解题思路及技巧

池底板、池壁、池顶板按图示尺寸以体积计算，主要是先要看图纸外形构造，以便结合图形采用数学原理进行快捷计算。另外，也可以结合计算规则和以往经验快速计算。

（2）清单工程量

1）C10 无筋混凝土垫层工程量为：

$$\pi \times 2.45^2 \times 0.1 = 1.886 \text{m}^3$$

2）钢筋混凝土（C20）池底工程量为：

$$\pi \times 2.35^2 \times 0.1 + (1/2 \times 0.15 \times 0.15) \times \pi \times (4.2 + 0.15) +$$
$$(4.2 + 0.15 \times 2 + 0.1) \times \pi \times (0.1 \times 0.15) = 2.106 \text{m}^3$$

3）钢筋混凝土（C20）池壁工程量为：

$$(4.2 + 0.15 \times 2 + 0.1) \times \pi \times 3.2 \times 0.1 = 4.625 \text{m}^3$$

4）钢筋混凝土（C20）池盖工程量为：

$$2.106 - \pi \times 0.5^2 \times 0.1 = 2.027 \text{m}^3$$

（3）清单工程量计算表（表 1-2）

清单工程量计算表 　　　　　　表 1-2

序号	项目编码	项目名称	项目特征描述	计量单位	工程量
1	070101001001	池底板	C10 混凝土	m³	1.886
2	070101001002	池底板	C20 混凝土	m³	2.106
3	070101002001	池壁	C20 混凝土	m³	4.625
4	070101003001	池顶板	C20 混凝土	m³	2.027

【例 2】　如图 1-20 所示，求水池工程量。

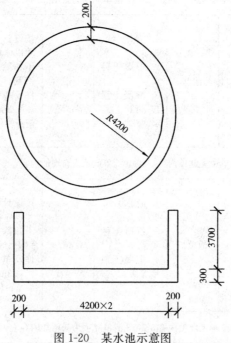

图 1-20　某水池示意图

【解】（1）2013清单与2008清单对照（表1-3）

2013清单与2008清单对照表 表1-3

序号	清单	项目编码	项目名称	项目特征	计算单位	工程量计算规则	工作内容
1	2013清单	070101001	池底板	1. 池形状、池深 2. 垫层材料种类、厚度 3. 混凝土种类 4. 混凝土强度等级	m³	按设计图示尺寸以体积计算，不扣除构件内钢筋、预埋铁件及单个面积≤0.3m²的孔洞所占体积	1. 模板及支架（撑）制作、安装、拆除、堆放、运输及清理模内杂物、刷隔离剂等 2. 混凝土制作、运输、浇筑、振捣、养护
	2008清单	2008清单中无此项内容，2013清单此项为新增加内容					
2	2013清单	070101002	池壁	1. 池形状、池深 2. 混凝土种类 3. 混凝土强度等级 4. 壁厚	m³	按设计图示尺寸以体积计算，不扣除构件内钢筋、预埋铁件及单个面积≤0.3m²的孔洞所占体积	1. 模板及支架（撑）制作、安装、拆除、堆放、运输及清理模内杂物、刷隔离剂等 2. 混凝土制作、运输、浇筑、振捣、养护
	2008清单	2008清单中无此项内容，2013清单此项为新增加内容					

✤**解题思路及技巧**

池底板、池壁、池顶板按图示尺寸以体积计算，主要是先要看图纸外形构造，以便结合图形采用数学原理进行快捷计算。另外，也可以结合计算规则和以往经验快速计算。

（2）清单工程量

池底工程量＝π×(4.2＋0.2)²×0.3＝18.237m³；

池壁工程量＝3.7×0.2×2π×(4.2＋0.2÷2)＝19.993m³。

（3）清单工程量计算表（表1-4）

清单工程量计算表 表1-4

序号	项目编码	项目名称	项目特征描述	计量单位	工程量
1	070101001001	池底板	板厚300mm	m³	18.237
2	070101002001	池壁	壁厚200mm	m³	19.993

【例3】 如图1-21所示，求水池清单工程量。

【解】（1）2013清单与2008清单对照（表1-5）

2013 清单与 2008 清单对照表　　　　　　　　　表 1-5

序号	清单	项目编码	项目名称	项目特征	计算单位	工程量计算规则	工作内容
1	2013 清单	070101001	池底板	1. 池形状、池深 2. 垫层材料种类、厚度 3. 混凝土种类 4. 混凝土强度等级	m³	按设计图示尺寸以体积计算，不扣除构件内钢筋、预埋铁件及单个面积 ≤0.3m² 的孔洞所占体积	1. 模板及支架（撑）制作、安装、拆除、堆放、运输及清理模内杂物、刷隔离剂等 2. 混凝土制作、运输、浇筑、振捣、养护
	2008 清单	2008 清单中无此项内容，2013 清单此项为新增加内容					
2	2013 清单	070101002	池壁	1. 池形状、池深 2. 混凝土种类 3. 混凝土强度等级 4. 壁厚	m³	按设计图示尺寸以体积计算，不扣除构件内钢筋、预埋铁件及单个面积 ≤0.3m² 的孔洞所占体积	1. 模板及支架（撑）制作、安装、拆除、堆放、运输及清理模内杂物、刷隔离剂等 2. 混凝土制作、运输、浇筑、振捣、养护
	2008 清单	2008 清单中无此项内容，2013 清单此项为新增加内容					

✿解题思路及技巧

池底板、池壁、池顶板按图示尺寸以体积计算，主要是先要看图纸外形构造，以便结合图形采用数学原理进行快捷计算。另外，也可以结合计算规则和以往经验快速计算。

（2）清单工程量

池底工程量 $=3.14×5.2^2×0.25=21.226\text{m}^3$。

 贴心助手

> 5.2 为池底半径，0.25 为池底厚度。

套用基础定额 5—486。

池壁工程量 $=3.14×(5.2^2-5^2)×5=32.028\text{m}^3$。

 贴心助手

> 5.2 为池壁外边缘半径，5 为池壁内边缘半径，则环形面积可知，0.5 为池壁高度。

套用基础定额 5—487。

（3）清单工程量计算表（表 1-6）

清单工程量计算表　　　　　　　　　　　　　表 1-6

序号	项目编码	项目名称	项目特征描述	计量单位	工程量
1	070101001001	池底板	板厚 250mm	m³	21.226
2	070101002001	池壁	壁厚 200mm	m³	32.028

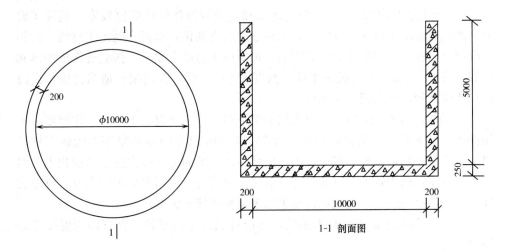

图 1-21　某水池示意图

三、池类包括的各个分项项目

1. 池底板

项目编码：070101001；项目名称：池底板。

项目特征：①混凝土强度等级；②混凝土种类；③池形状、池深；④垫层厚度、材料种类。

计量单位：m³。

工程量计算规则：按设计图示尺寸以体积计算。不扣除构件内钢筋、预埋铁件及单个面积 0.3m² 以内的孔洞所占面积。

工程内容：①模板及支架（撑）制作、拆除、堆放、运输及清理模内杂物、刷隔离剂等；②混凝土制作、运输、浇筑、振捣、养护。

（1）项目名称

池底板：指各类池的底部形状，有平地底形、圆形、坡形、椭圆形，以满足各类池的要求。

半地下室池底：指各类池在污水处理系统中要求，使池的位置处于±0.000以下的一部分位置。

架空式池底：在市政工程中，为了净化污水建立了各种设备，其中井就是一种设备。在处理污水时，为了满足其需要，把水池架空，高出平常的地面。

（2）工程量计算规则

按设计图示尺寸以体积计算。不扣除构件内钢筋、预埋铁件及单个面积 0.3m² 以内的孔洞所占面积。

（3）工程内容

1）设备地坑及池子的灌注：

a. 面积小深度浅的地坑和池子的混凝土，可将底和壁一次灌注完成，其里模板做成整体式，通过上下带铁板的铁脚支承在混凝土垫层上，铁脚的高度应等于底板的厚度。

b. 面积大且深的地坑，一般将底板和壁分别灌注。坑壁模板先支到施工缝处（距坑底混凝土面 30～50cm），或外模一次支到顶，里模支到施工缝处，待施工缝以下的底和壁混凝土灌注完毕后，再支施工缝以上模板，接缝处作成凹缝和凸缝，或埋 2mm 厚薄钢板止水片。高度大于 3m 时，在内模的适当高度留设浇灌口或浇灌带，或内模分层支设。

c. 地坑深度在 2m 以内，应先用平锹下料，待底板混凝土达到一定厚度时可用推车直接下料，以免将钢筋压弯变形，对 2m 以上的地坑要用串桶或溜槽送料。灌注顺序是，坑底一般沿长度方向从一端开始向另一端推进，当面积不大时可单组灌注，面积较大时可多组并排灌注，也可分组由两端向中间会合，坑壁宜成环形回路分层灌注，视坑壁长短采用单组循环或双组循环（5B124）。

d. 池子的灌注和地坑基本相同，惟应特别注意池壁预埋套管四周混凝土的捣固密实。

2）底板混凝土施工：

a. 弹线：在垫层混凝土强度达到 1.2MPa 后，先核对水池中心位置，弹出十字线，校对集水坑、排污管、进水管位置后，分别弹出基础外圈线、池壁环槽杯口的里外弧线，控制杯口吊斗位置，杯口里侧吊绑弧线及加筋区域弧线。

b. 钢筋绑扎：按加筋区域弹线布筋，再布弧线筋绑扎成整体。分别垫起保护层 $\delta=35mm$，布好铁马凳。先布弧线筋，再布放射筋。绑扎成整体。

c. 模板安装：模板应用木模，以保证水工构筑物拼装接头的严密。

d. 灌浇混凝土：为了不留施工缝，宜采用连续作业，接槎时间控制在 2h 以内，浇灌混凝土由中心向四周扩张，池壁环槽杯口部分，两个槎口可交替施工，由两个作业组相背连续操作，一次完成，不留施工缝。

3）底板施工要点：

a. 钢筋混凝土底板浇筑前，应当检查土质是否与设计资料相符或被扰动。如有变化时，须针对不同情况加以处理。如基土为稍湿而松软时，可在其上铺以厚 10cm 的砾石层，并加以夯实，然后浇灌混凝土垫层。

b. 混凝土垫层浇完 1～2d（应视施工时的温度而定），在垫层面测定底板中心，然后根据设计尺寸进行放线，定出柱基以及底板的边线，画出钢筋分布线，依线绑扎钢筋，接着安装柱基和底板外围的模板。

c. 在绑扎钢筋时，应详细检查钢筋的直径、间距、位置和数量，均应符合设计要求。上下层钢筋的间距、保护层及埋件的位置和数量，均应符合设计要求。上下层钢筋均应用铁撑（铁马凳）加以固定，使之在浇捣过程中不发生变化。

d. 柱基模板是悬空架设，下面用临时小方木撑在垫层上，边浇混凝土，边取出小木撑。

e. 底板应一次连续浇筑完，不留施工缝。施工间歇时间不得超过混凝土的初凝时间。如混凝土在运输过程中产生初凝或离析现象，应在现场拌板上进行二次搅拌，方可入模浇捣。底板厚度在 20cm 以内，可采用平板振动器。当板的厚度较厚，则采用插入式振动器。

f. 池壁为现浇混凝土时，底板与池壁连接处的施工缝可留在基础上口 20cm 处。

g. 池底与池壁的水平施工缝可留成台阶形、凹槽形、加金属止水片或遇水膨胀橡胶带。

h. 混凝土捣浇后，其强度未达到 1.2N/mm² 时禁止振动，不得在底板上搭设脚手架、安装模板或搬运工具，并作好混凝土的养护工作。

2. 池壁

项目编码：070101002；项目名称：池壁。

项目特征：①池形状、池深；②混凝土强度等级；③混凝土种类；④壁厚。

计量单位；m³。

工程量计算规则：按设计图示尺寸以体积计算。

工程内容：①模板及支架（撑）制作、安装、拆除、堆放、运输及清理模内杂物、刷隔离剂等；②混凝土制作、运输、浇筑、振捣、养护。

（1）项目名称

池壁：此处指处理污水的各类池的池壁，是用来贮水的水池，水对池壁的压力由池壁的刚度所抵抗，同时池壁必须满足抗渗漏的要求，并且还要满足其强度和稳定性的要求。

（2）工程量计算规则

按设计图示尺寸以体积计算。不扣除构件内钢筋、预埋铁件及单个面积 0.3m² 以内的孔洞所占面积。

（3）工程内容

1）水池施工时所用的水泥强度等级不低于 42.5 级，水泥品种应优先选用普通硅酸盐水泥，不宜采用火山灰质硅酸盐水泥和粉煤灰硅酸盐水泥。所用石子的最大粒径不宜大于 40mm，吸水率不大于 1.5％。

2）池壁混凝土每立方米水泥用量不少于 320kg，含砂率宜为 35％～40％；灰砂比为 1：2～1：2.5；水灰比不大于 0.6。

3）固定模板用的钢丝和螺栓不宜直接穿过池壁。当螺栓或套管必须穿过池壁时，应采取止水措施，常见的止水措施有：

① 螺栓上加焊止水环。止水环应满焊，环数应根据池壁厚度，由设计确定。

② 套管上加焊止水环。在混凝土中预埋套管时，管外侧应加焊止水环，管中穿螺栓，拆模后将螺栓取出，套管内用膨胀水泥砂浆封堵，如图 1-22 所示。

③ 螺栓加堵头。支模时，在螺栓两边加堵头，拆模后，将螺栓沿平凹坑底割去再用膨胀水泥砂浆封塞严密，如图 1-23 所示。

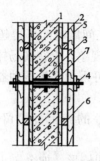
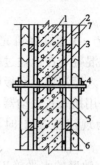

图 1-22　套管上加焊止水环示意图

1—池壁混凝土；2—模板背楞；3—止水环；

4—对拉螺栓；5—竖向架管；6—横向架管；

7—模板

图 1-23　螺栓加堵头示意图

1—池壁混凝土；2—模板；3—止水环；

4—对拉螺栓；5—塞形垫；6—横向架管；

7—竖向架管

4）在池壁混凝土浇筑前，应先将施工缝处的混凝土表面凿毛，清除浮粒和杂物，用水冲洗干净，保持湿润。再铺上一层厚 20～25mm 的水泥砂浆，水泥砂浆所用材料的灰砂比应与混凝土材料的灰砂比相同。

5）浇筑池壁混凝土时，应连续施工，一次浇筑完毕，不留施工缝。

6）池壁有密集管群穿过，预埋件或钢筋稠密处浇筑混凝土有困难时，可采用相同抗渗等级的细石混凝土浇筑。

7）池壁上有预埋大管径的套管或面积较大的金属板时，应在其底部开设浇筑振捣孔，以利排气、浇筑和振捣。如图 1-24 所示。

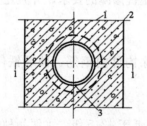
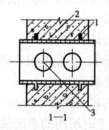

图 1-24　池壁预留浇筑振捣示意图

1—止水环；2—预留套管；3—浇筑振捣孔

8）池壁混凝土凝结后，应立即进行养护，并充分保持湿润，养护时间不得少于 14 昼夜。拆模时池壁表面温度与周围气温的温差不得超过 15℃。

3. 池内柱

项目编码：070101004；项目名称：池内柱。

项目特征：①混凝土种类；②混凝土强度等级；③柱形状及截面尺寸。

计量单位：m^3。

工程量计算规则：按设计图示尺寸以体积计算。

工程内容：①模板及支架（撑）制作、安装、拆除、堆放运输及清理模内杂物、刷隔离剂等；②混凝土制作、运输、浇筑、振捣、养护。

（1）项目名称

池内柱：一般由钢筋混凝土砌筑而成的圆形、方形建筑物，起支撑上部结构的作用。主要用于承受压力，并同时承受弯矩、剪力作用的构件，如多层框架房屋的柱是典型的受压构件。上面的荷载由柱传至基础，是重要的承重构件。此外，桥梁结构中的桥墩、桩、桁架中的受压弦杆、腹杆以及刚架、拱等均属受压构件。如图1-25所示。

（2）工程内容

水池的安装：水池的壁板、柱、梁、板一般采用综合吊装法进行安装。安装时必须按图纸准确分出锚固肋板的位置，如图1-26所示，并对有锚固肋的预制壁板，按照设计要求严格准确就位。壁板安装用杯口楔固定，壁板接缝灌C40混凝土，当其强度达到设计强度的70%时，方可进行粗钢筋电热张拉。

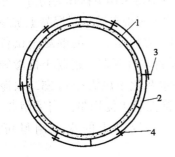

图1-25　锚固肋板位置

1—池壁；2—预应力粗钢筋；3—锚固肋板；

4—端头短杆

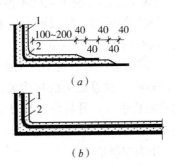

图1-26　水池壁安装示意图

1—池壁；2—锚固肋板

4．池顶板

项目编码：070101003；项目名称：池顶板。

项目特征：①混凝土强度等级；②混凝土种类；③池形状；④板类型。

计量单位：m^3。

工程量计算规则：按设计图示尺寸以体积计算。

工程内容：①模板及支架（撑）制作、安装、拆除、堆放运输及清理模内杂物、刷隔离剂等；②混凝土制作、运输、浇筑、振捣、养护。

（1）项目名称

池顶板：主要用来承受竖向荷载，防止被处理的污水再被污染，同时增加水池的整体刚度。常用的池顶板结构有：肋形板、井式板、密肋板、无梁板。

肋形板：由板、次梁和主梁所组成。盖面荷载由板传给次梁、主梁，再传至柱或墙，最后传至基础。肋形板的特点是结构布置灵活，可以适应不规则的柱网布置以及复杂的工艺以及平面要求。其优点是用钢量较低，缺点是支模较复杂。

井式板：当支撑的柱网接近方形，两个方向的梁可采用相同的截面，形成交叉梁系。

密肋板：将井式盖中两个方向梁的间距减小，板的厚度也减小，即形成双向密肋盖，近年来采用预制塑料模壳克服了双向密肋板支模复杂的缺点，使这种井板的应用逐渐增多。这种井板的优点是混凝土自重轻，具有良好的建筑效果。

无梁板：为等厚的平板直接支承在柱上，分为有柱帽和无柱帽两种。

当柱网接近方形，可不设置梁，将板直接支承柱上，做成无梁板。无梁板的特点是高度小、净空大、支材简单，但自重大、用钢量大，常用于仓库。当柱网较大（6~8m），且荷载较大时，需设置柱帽，以提高板的抗冲动能力。

（2）项目特征

混凝土强度等级：现浇混凝土 C20，碎石粒径≤40mm。

（3）工程内容

1）混凝土浇筑注意事项：

① 浇筑前应清理模板内杂物，并以水湿润模板。

② 浇筑水池的混凝土强度不得小于 C20，且不得采用氯盐作为防冻、早硬的掺合料。水池的抗渗，须以混凝土本身的密实性来实现和满足。混凝土抗渗等级宜进行试验并符合表 1-7 的要求。抗渗等级 Pi 为龄期 28d 的混凝土试件，施加 $i×10^{-1}$MPa水压后满足不渗水指标。由于设备复件限制，混凝土抗渗等级的试验有困难时，对混凝土的抗渗要求应符合：水灰比不应大于 0.55；水泥宜采用普通硅酸盐水泥；骨料应选择良好级配；严格控制水泥用量。当采用 32.5 号水泥时，水泥用量不宜超过 360kg/m³，预应力混凝土的水泥用量可提高 50kg/m³ 作为控制值。

混凝土抗渗指标 表 1-7

大作用水头与混凝土厚度之比	抗渗等级 Pi
<10	P4
10~30	P6
>30	P8

③ 浇筑混凝土的自落高度不得超过 1.5m，否则应使用溜槽、串筒等工具进行浇筑。

④ 浇筑应连续进行，分层浇筑，每层厚度不宜超过 30~40cm，相邻两层浇筑时间不得超过 2h（当气温小于 25℃，混凝土从搅拌机卸出到次层混凝土浇筑压苴时间，不应超过 2.5h），如超过时应留置施工缝。

⑤ 在绑扎钢筋时，应详细检查钢筋的直径、间距、位置、搭接长度、上下层钢筋的间距、保护层及埋件的位置和数量，均应符合设计要求。上下层钢筋均用铁撑（铁马凳）加以固定，使之在浇捣过程中不发生变位。

⑥ 柱基模板是悬空架设，下面用临时小方木撑在垫层上，边浇混凝土，边取出小木撑。

⑦ 底板应连续浇筑，不留施工缝。当设计有变形缝时，宜按变形缝分层浇筑。施工缝应做成垂直的结合面，不得做成斜坡结合面，并注意结合面附近混凝土的密实情况。平底板施工间歇时间不得超过混凝土的初凝时间。如混凝土在运输过程中产生初凝或离析现象，应在现场搅拌板上进行二次搅拌，方可入模浇

捣。底板厚度在 20cm 以内，可采用平板振动器振捣，当板的厚度较厚，则采用插入式振动器。

⑧ 池壁为现浇混凝土时，底板与池壁连接处的施工缝可留在基础上口 20cm 处。如设计要求有止水钢板，在浇捣混凝土之前，应将止水钢板安放固定。

⑨ 混凝土浇捣后，其强度未达 $1.2N/mm^2$ 时禁止振动，不得在底板上搭设脚手架、安装模板或搬动工具，并注意对混凝土的养护（覆盖草袋浇水湿润）。

⑩ 在新混凝土浇捣前，必须用钢丝刷将原有混凝土表面的疏散面刷去，然后用水冲洗干净，并使原有混凝土充分湿润。

为了加强新老混凝土的结合，在浇捣新混凝土之前，在原有混凝土结合面上先铺一层 1cm 厚 1：2 水泥砂浆。

2）混凝土的浇筑：

① 钢筋混凝土水池池壁，有无撑及有撑两种支模方法。有撑支模为常用的方法。当矩形池壁较厚时，内外模可在钢筋绑扎完毕后一次立好。浇捣混凝土时，操作人员可进入模内振捣，或开门子板，将插入式振动器放入振捣。并应用串筒将混凝土灌入，分层浇筑。

② 每一点的振捣延续时间，应以使混凝土表面呈现浮浆和不再沉落为度。

③ 插入式振动器振捣时间的移动间距不宜大于作用半径的 1.5 倍，振动器距离模板不宜大于作用半径的 1/2，并尽量避免碰撞钢筋、模板、预埋管件等。振动器应插入下层混凝土 5cm 左右。

④ 在结构中若有密集的管道，预埋件或钢筋稠密处，易使混凝土捣实时，应改用相同抗渗等级的细石混凝土进行浇筑和辅以人工插捣。

⑤ 遇到预埋大管径套管或大面积金属板时，可以在管底或金属板上预先留浇筑振捣孔，以利浇捣和排气、浇筑后进行补焊。

⑥ 矩形池壁拆模后，应将外露的止水螺栓头割去。

3）养护：

① 混凝土浇筑完毕后，应及时覆盖和洒水湿润，养护期不少于 14d。

② 不宜采用电热法和蒸汽养护。

③ 采用池内加热养护时，池内温度不得低于 5℃，且不宜高于 15℃，并应洒水养护，保持湿润，池壁外侧应覆盖保温。

④ 必须采用蒸汽养护时，宜为低压饱和蒸汽均匀加热，最高气温不宜大于 30℃。升温速度不宜大于 10℃/h；降温速度不宜小于 5℃/h。

⑤ 冬期施工时，应注意防止结冰，特别是预留孔洞处容易受冻部位应加强保温措施。

第二节　贮仓（库）类
（编码：070102）

一、项目名称

贮仓：贮存粒状松散物体（如谷物、面粉、水泥和碎煤等）的立式容器。是工业生产工艺过程的过渡容器仓，包括立壁、漏斗和支架系统。

贮仓有圆形和方形，多为周围大但不大高。圆形仓体是高大空心圆柱体，可由多个空心圆柱体组成一个贮仓构物筑物群，仓体包括顶板、立壁和漏斗。漏斗有矩形、圆形之分，仓壁因经常受到物料的冲击和摩擦，内壁要设置耐磨层，如用铁屑砂浆粉刷成镶贴辉绿岩铸石板等。仓体由钢筋混凝土浇筑而成。

贮仓是圆筒形结构比较普遍，直径不太大，筒身高，筒壁厚一致，当上、下强度要求不同时，尽量采用不同配筋及不同强度等级的混凝土来解决，最宜采用滑模施工。不论单个筒仓、两个筒仓或筒仓群，都可采用滑模施工。筒仓的滑模组成分为两种类型，一种是利用烟仓施工的设备，用辐射梁加里外钢圈组成操作平台。另一种是用桁架在筒内组成操作平台，提升架的布置都是径向对准圆心的。

操作平台是由内外钢圈、辐射梁、提升架、内外模板、围圈、平台木楞及平台板、内外吊脚手架所组成。

内钢圈用 12b 槽钢，中间加井字架加固，外钢圈用 14b 槽钢，模板用 3mm 厚的钢板及 40×4 的角钢操作。内外模板的长度分别为 1250mm 和 1300mm。内外模板的围圈用 75×50×6 制作，围圈半径分别为 3707mm 和 3963mm。

液压系统由液压控制台和液压管路两部分组成。

筒仓多为圆筒形，较贮仓高。由基础、支柱、底板、筒壁、顶板等组成。按平面布置分为独立式、单行排列式、双行排列式。

圆筒形的贮仓即为筒仓，如图 1-27 所示。筒仓是贮仓的一种，定额中将筒仓与贮仓并列列项，是为了与斜仓相区别，斗仓（图 1-28）是工艺结构的过渡容器仓，一般为矩形，而筒仓是贮存散粒的容器，其形式有圆形和正方形。

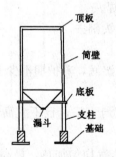
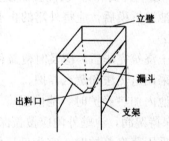

图 1-27 筒仓示意图　　　　图 1-28 斗仓示意图

矩形仓分立壁和斜壁（漏斗），按其模板与混凝土接触面积计算。立壁和斜壁相互交点的水平线为分界线；壁上圈梁并入斜壁工程量内。其基础、支承漏斗的柱和柱之间的连系梁分别按现浇钢筋混凝土结构工程分部模板的相应项目执行。

二、工程量计算规则

在计算筒仓壁工程量时，要扣除 $0.05m^2$ 以上的孔洞体积，但在套用定额时，要按扣除孔洞面积增加工料，每 $10m^2$ 孔洞面积增加：木工 0.43 工日（4 级）、中板 $0.29m^3$、铁钉 0.37kg。

圆形仓的适用范围为高度在 30m 以下，并且上下壁厚度不变，采用钢滑模施工制作的贮仓，如水泥仓、盐仓等都为圆形仓。圆形仓分内径立项。按水塔中介绍的筒身公式计算工程量。

第三节　水　塔
（编码：070103）

一、名词解释

（一）项目名称

水塔：用于建筑物给水、调剂用水、维持必要水压，并起沉淀和安全用水作用的构筑物。全国统一基础定额中，水塔构件分为四项：塔顶及槽底、塔身、水箱内外壁、回廊及平台。其中塔身分为筒式和柱式两种。常见水塔按各部位所使用材料不同可分为砖筒身砖加筋水箱水塔、钢筋混凝土水塔、砖筒身钢筋混凝土水箱水塔、钢木支架及钢木水箱水塔、钢筋混凝土支架、钢筋混凝土水箱水塔、装配式水塔、钢筋混凝土倒锥壳水塔、烟囱水塔。在定额中将钢筋混凝土倒锥壳水塔单独列项。常见水塔构造示意图如图 1-29 所示。

砖筒身砖加筋水箱水塔适用于水箱容量为 30m³、50m³ 的小型水塔，其优点是施工方便，设备简单，节约材料。

钢筋混凝土水塔塔身和水箱全部采用钢筋混凝土浇筑。一般常见于水箱容量较大或水箱高度较高者。砖筒身钢筋混凝土水箱水塔适用于水箱容量 30～200m³。筒身用砖砌筑，故施工方便。

钢木支架及钢木水箱水塔是用金属做支架及水箱，可在工厂预制，现场安装。适用于施工期限短的工地。但用钢较多，用木材做支架及水箱，一般用在盛产木材的地区。

钢筋混凝土支架、钢筋混凝土水箱水塔，塔身由四根、六根钢筋混凝土柱组成框架式的空间结构。水箱由钢筋混凝土做成。这种水塔结构轻巧，坚固耐用，节约材料，装配式水塔是由钢丝网水泥水箱、装配式预应力钢筋混凝土抽空杆及板式基础组成。除基础现浇外，水箱及支架杆件均预制吊装。这种水塔节约材料，便于机械化施工。

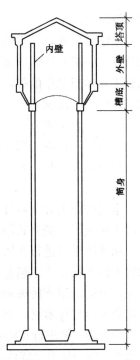

图 1-29　水塔构造示意图

烟囱水塔利用烟囱作为水塔的塔身，将水箱套在烟囱筒身上，水箱常用钢筋混凝土浇筑，一般常见于水箱容量较大或水塔较高者。水塔的基础分现浇混凝土基础或砖基，按实际套用相应基础定额。砖水塔的基础以混凝土砖砌体交接处为界线；柱式塔身以柱脚与基础底板或梁交接处为分界线，与基础底板连接的梁，并入基础内计算。

筒身与槽底的分界，以与槽底相连的圈梁底为界。圈梁底以上为槽底，以下为筒身。混凝土筒式塔身以实体积计算。依附于筒身的过梁、雨篷、挑檐等工程量并入筒壁体积内计算。柱式塔身不分柱（包括斜柱）、梁，均以实体积合并计算。柱式塔身本身即一座钢筋混凝土框架。

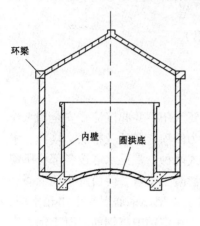

环梁

内壁　圆拱底

图 1-30　水槽构造示意图

水槽即水塔顶部蓄水的部分，又称为水箱，由塔顶、槽底、内壁、外壁及圈梁组成。混凝土塔顶及槽底的工程量合并计算。塔顶包括顶板和圈梁，槽底包括底板、挑出斜壁和圈梁。槽底不分平底、拱底。塔顶不分锥形、球形，均应按相应项目计算。与塔顶、槽底相连系的直壁或斜壁叫水槽的内外壁。保温水槽外保护壁为外壁。直接承受水的侧压力的水槽壁为内壁。非保温水塔的水槽壁按内壁计算，如图 1-30 所示。

回廊是指围绕塔身或水槽的外廊，平台包括塔身内外的平台板。回廊与平台板均以实体积计算。

水塔是供水，蓄水的构筑物。将水柜或水箱置于最高、最远用水点需要压力的高度。一般有砖筒支承，钢筋混凝土柱支承和钢柱支承塔，具体柜有砖，钢筋混凝土和钢板制作的等，外形有方、圆、锥、球和多边等，为了美化环境有防成室塔、钟塔，以利观赏。

定额中将水塔分为塔身、水箱、塔顶、槽底、回廊及平台几个组成部分，是因为水塔所用材料根据实际情况有许多不同，比如一个砖筒身钢筋混凝土水箱水塔，筒身用砖砌筑，水箱用钢筋混凝土做成。不同的部分根据材料要套用相应定额。

水塔的施工方法有外脚手架施工、里脚手架施工、钢筋三脚架脚手架施工、无脚手架施工、提升式吊篮脚手架施工、提模施工和滑模施工。

用外脚手架进行水塔施工，系在筒身外部搭设双排脚手架。操作人员在外架的脚手板上操作，水箱部分施工时可用挑脚手架或放里立杆的脚手架，这种施工方法，一般适用于砖或钢筋混凝土水塔的建造，垂直运输由塔外上料架上料，因此需要大量架杆木材，架子绑扎工作量很大。

用里脚手架进行水塔施工，系在塔身内搭设里脚手架，工人站在塔内平台上进行操作。塔身施工完成后，利用里脚手架支水箱底模板，并在筒身上挑出三角托架，进行下环梁的支模。水箱底下环梁施工完成后，再在水塔内搭里脚手架或由水箱下面搭设挑脚手架，进行水箱壁、护壁及水箱顶的施工。这种方法适用于砖筒身水塔的施工，上料架可设在筒身内，也可在筒身外搭设井架或在架顶挑横杆上料。

用钢筋三脚架进行水塔施工时，系将钢筋三脚架挂在筒身上，随着筒身的逐步升高，逐步倒换三脚架脚手，就可以进行水塔的施工，此法适用于钢筋混凝土水塔或砖水塔的施工。上料可在塔身外另搭上料架，运输量不大时，设上料横杆即可。这种方法，设备比较简单，能节省大量脚手架杆，而且能保持施工进度，尤其适用于建造小型水塔。

提升式吊篮脚手架施工水塔，是在筒身内架设好金属井架，利用井架做高空支架，将吊篮脚手架悬挂在井架上，吊篮在塔身外，工人站在外吊篮脚手架上操作。每施工完一步架，用两个 2t 捯链将吊篮提升一步，再继续进行施工。水箱底下环梁处留槎，最后进行池底混凝土施工。其上料架利用金属井架内设吊笼上料。因此，上料及操作平台可以用一个井架。这种施工方法适用于建造砖筒身水塔，具有施工方便、工人操作安全平稳、施工用地小，易于管理的优点。

（二）项目特征

水塔按照构造形式及其材料特点，水塔一般分为如下几种形式：

1. 筒身水塔

（1）砖筒身砖加筋水箱水塔：

适用于小容量的工程水塔，造价低廉，施工方便，便于就地取材。一般情况下，水箱的贮水容量不宜大于 50m³。如图 1-31 所示。

（2）钢筋混凝土水塔：

塔身和水箱均为钢筋混凝土制作，适于大中型水塔，或虽容量不大但水塔高度较高者，因为其抗震性能好，整体程度好，又便于机械化施工，所以，这种水塔在目前使用很广泛，如图 1-32 所示。

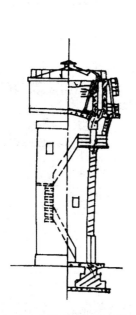

图 1-31　砖筒身砖加筋水箱水塔

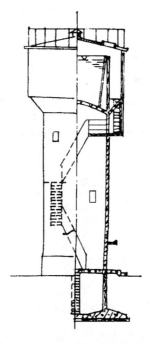

图 1-32　钢筋混凝土水塔

（3）砖筒塔身、钢筋混凝土水箱水塔：

这种水箱水塔的常见容量有：30m³、50m³、80m³、100m³、150m³、200m³ 等六种，属中小型水塔。塔身用砖砌筑，水箱用钢筋混凝土材料浇筑。如图 1-33 所示。

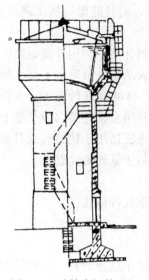

图1-33　砖筒身钢筋混凝
土水箱水塔

它充分利用了砖材和钢筋混凝土材料的优点，与砖水箱相比，增加了容量，与钢筋混凝土塔身相比，造价便宜，因此，在我国使用也很普遍，但要注意一点，水塔高度不能过高。

2. 支架水塔

（1）钢筋混凝土支架、钢筋混凝土水箱水塔：

水塔的支撑部分做成支架形式，材料为钢筋混凝土，支架形状如同框架结构，由四根、六根或八根钢筋混凝土粗柱及连接于柱间的水平横梁构成。支架尺寸视塔上水箱的贮水容量而定，支架的平面形状多为矩形。如图1-34所示。与筒式塔身的钢筋混凝土水塔相比，它节约材料，体积轻巧，降低造价，在目前也广为使用。

（2）钢支架及钢水箱水塔：

水塔的支架及水箱全部由钢材制作，如图1-35所示。适于大中型水塔工程，因钢材造价较高，且钢材紧缺，故在当前的水塔工程中较少使用。

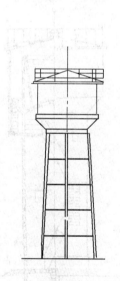

图1-34　钢筋混凝土支架、
钢筋混凝土水箱水塔

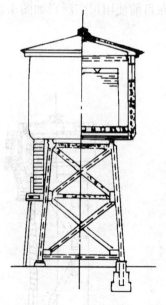

图1-35　钢支架及钢水箱水塔

（3）装配式水塔：塔身为钢筋混凝土抽空杆件支架制做，水箱为钢丝网水泥制作，如图1-36所示。施工时，现场吊装。适于大中型容量的水塔，又具有节约材料、缩短工期，便于机械化施工等优点。

3. 钢筋混凝土倒锥壳水塔

塔身部分为钢筋混凝土制作，水箱也由钢筋混凝土制作，呈倒锥壳状。

如图 1-37 所示。这种水塔结构紧凑，造型美观，施工速度较快。

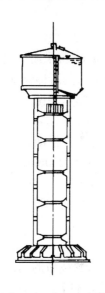
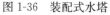

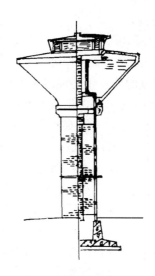

图 1-36　装配式水塔　　　　　图 1-37　钢筋混凝土倒锥壳水塔

4. 烟囱水塔

利用烟囱做水塔的塔身，将水箱套在烟囱筒身上，水箱用钢筋混凝土制作，可节约材料，且具有一定的保温效果。如图 1-38 所示。

水塔按材料分为钢筋混凝土水塔，按形式分为普通水塔和倒锥壳水塔。水塔的构造主要分为基础、塔身和水槽三个部分，水槽又由塔顶、槽壁和槽底组成。跨身的结构形式有筒式和柱式两种，钢筋混凝土塔身多做成柱式，砖砌筒身多做成筒式。有的水塔与烟囱联合建在一起的。此外还有铁梯、回廊及平台、水塔配管、避雷装置等设施。

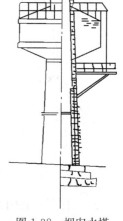

水塔工程常用材料及构造尺寸：

（1）水柜

1）材料：混凝土等级不小于 C20，钢筋为Ⅰ级、Ⅱ级。

2）顶盖：宜采用正圆锥壳，坡度 $1:3 \sim 1:4$，最

图 1-38　烟囱水塔

小厚度 60mm，配筋不小于 $\phi6@200$。小容量水箱顶盖可做成平板。

3）水箱壁板：壁厚 $h \geqslant 120mm$，配双层钢筋，单面配筋量不小于 $\phi8@200$。小容量水箱上部，可仅配单层钢筋网。

4）水箱底部：球壳厚度 $\geqslant 100mm$，如其底部为平板，则板厚 $\geqslant 120mm$。水箱底部单面配筋率不小于 $\phi8@200$。

5）环梁：宽度 $\geqslant 200mm$，高度 $\geqslant 300mm$，环向钢筋不少于 4 根 $\phi12$ 的钢筋，箍筋不少于 $\phi6@200$ 的配筋量。

6）水箱检修孔周边处理：水箱检修孔周边应设加强筋，管道处的截面局部

应设置加强钢筋，并设伸缩器。

（2）塔身

1）支筒：

① 筒壁厚度。钢筋混凝土筒壁厚度不宜小于 100mm，若采用滑模施工，则应小于 160mm，砖砌筒壁厚度不宜小于 240mm，阶梯形筒壁的阶梯应设在筒壁两侧。

② 筒壁配筋：钢筋混凝土筒壁的钢筋，一般靠外侧单层配置，纵向钢筋总配筋率不小于 0.4%，并不少于 $\phi12@200$ 的配筋量。

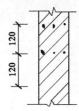

③ 砖砌筒壁应每隔 4～6m 高度设置一根圈梁，门窗顶部再增设一道。钢筋混凝土圈梁宽度不少于 240mm，高度不少于 180mm，钢筋不少于 $4\phi10$，箍筋不少于 $\phi5@250$ 的配筋量。

钢筋砖圈梁可在每两皮砖的水平灰缝内加设 $3\phi6$ 钢筋，且不少于 3 层，如图 1-39 所示。

图 1-39 钢筋砖圈梁示意图

④ 门窗洞口。门窗一般为 0.90～1.20m，窗宽 0.6m，门洞宜设框加固，门框内的钢筋不少于被门洞截断的钢筋量，窗洞周边应配置不少于 $2\phi12$ 钢筋。砖支筒的窗洞上，不宜少于 3 根直径为 8mm 的钢筋，钢筋伸入筒壁的两侧长度不小于 1m。

2）支架：

① 类型：四柱支架、六柱支架，如图 1-40。当采用斜柱时，其外倾坡度取 1/30～1/20。立柱高度 3～5m，设置横梁。

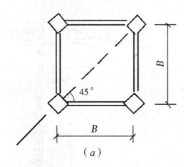
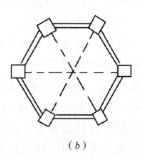

图 1-40　水塔支架

（a）四柱支架；（b）六柱支架

② 立柱截面宜用方形，边长≥300mm。

③ 立柱与横梁及下环梁连接处，宜设腋角，如图 1-41 所示。

（3）基础

1）埋深：基础埋深一般不小于 1.5m。

2）板厚及配筋：环板式和圆板式基础，外缘厚度不应小于 200mm，配筋率不宜大于 0.6%。

（三）工程量计算规则

（1）筒身与槽底以槽底连接的圈梁底

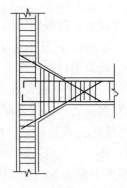

图 1-41　立柱与横梁连接处腋角示意图

为界，以上为槽底，以下为筒身。

（2）筒式塔身及依附于筒身的过梁、雨篷、挑檐等并入筒身体积内计算；柱式塔身、柱、梁合并计算。

（3）塔顶及槽底，塔顶包括顶板和圈梁，槽底包括底板挑出的斜壁板和圈梁等合并计算。

（四）工程内容

倒锥壳水塔是一个新型水塔，塔身部分用钢筋混凝土制作，水箱部分也采用钢筋混凝土制作，具有结构紧凑、造型优美、机械化施工程度高等优点。倒锥壳式水塔的施工工艺为：筒身混凝土浇灌—就地预制钢筋混凝土倒锥壳水箱—水箱提升—水箱就位固定—防水处理—顶盖—施工—油漆收尾。筒身上料架可设在筒身内部，设立钢井架完成水塔的全部上料工作。

钢筋混凝土倒锥壳水塔施工，一般采用滑升或提升模板工艺，完成筒身混凝土的施工。在筒身顶端设临时支承架，安装提升设备，将水箱提升到设计规定位置后，用钢梁支承，固定牢固。

塔身滑模施工完毕后，模板要拆除，大件用拔杆吊放下，小件用绳索放下，其拆除顺序为：对中装置、内模、内模支架→利用液压系统将骨架提升脱空后，拆除液压系统、电路系统的设备和元件，水平调整装置外模、吊篮、操作平台→骨架。为使拆除作业达到安全和方便，对平台事前应做必要的固定与加固。钢筋混凝土筒身施工完毕后，以筒身为基准，围绕筒身预制钢筋混凝土倒锥壳水箱。水箱一般分两次支模和浇筑混凝土，第一次支模主要完成其下部支承环梁，水箱倒锥壳下部和直径最大处的中部环梁，然后用手绑扎钢筋，在中部环梁上预留出水箱顶部的钢筋接头，浇灌混凝土并达到一定强度后，再支水箱顶部和上环梁的模板，绑扎顶部和上环梁的钢筋，然后浇灌混凝土。

第一次支模时，可以使用撑杆及木模板，支在水箱下部，也可以填土夯实后做成砖胎模。第二次支模时，应在水箱内部架设支撑杆、木模板，完成水箱顶及上环梁的钢筋绑扎和混凝土浇灌，支模和浇灌混凝土时，应注意将所有吊杆的预埋件留好，上下环梁内侧与钢筋混凝土筒壁间的缝隙，可用松散材料填塞严实，拆模后予以清除。水箱拆模后，内部要按设计要求做好防水处理。外部要做好抹灰与装修。

水箱提升有四种方法，即千斤顶提升法、提升机提升法、倒置穿心千斤顶提升法、卷扬机提升法。定额是按卷扬机提升法编制的。

提升架包括45号钢吊杆、钢提升架、平台木板、安全网，其摊销见表1-8。

提 升 架 摊 销　　　　　表1-8

名　称	单　位	总投入量	摊销次数	补损率	摊销量
45号钢吊杆	kg	3452	40	4	220.93
钢提升架	kg	5146	20	4	452.85
平台木板	m³	0.542	5	15	0.173
安全网	m²	33	4		8.25

卷扬机分为手动卷扬机和电动卷扬机两种。手动卷扬机为单筒卷扬机，电动卷扬机又分为快速和慢速两种。快速卷扬机分为单筒和双筒两种；而慢速卷扬机多为单筒式，快速双筒卷扬机技术规格见表1-9。

快速双筒卷扬机技术规格　　　　　　　　　　　　　　表1-9

项　目		型　号		
		JJ－2K$_{-2}$	JJ－2K$_{-3}$	JJ－2K$_{-5}$
牵引力（kN）		20	30	50
卷　筒	直径（mm）	300	350	420
	长度（mm）	450	520	600
	转速（r/min）	20	20	20
	容绳量（m）	250	300	500
钢丝绳	规格	6×19	6×19	6×19
	直径（mm）	14	17	22
	绳速（r/min）	25	27.5	32
电动机	型号	JR$_{71-6}$	JR$_{81-6}$	R$_{82}$－AK
	功率（kW）	14	28	40
	转速（r/min）	950	960	960
总传动比 i		47.5	48	48

葫芦：又名滑车，可以省力，也可以改变力的方向。手扳葫芦又名钢丝绳手扳滑车，在结构吊装中常作收紧缆风和升降吊篮之用。其示意图如图1-42所示。手扳葫芦有关技术规格请参照表1-10。

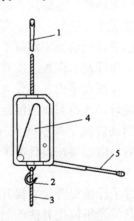

图1-42　手扳葫芦

1—挂钩；2—吊钩；3—钢丝绳；4—夹钳装置；5—手柄

手扳葫芦技术规格　　　　　　　　　　　　　　　表1-10

型　号		SB1~1.5	LB-L（200）	YQ~3
起重量（t）		1.5	3	3
手柄往复一次	空载	55~65	35~40	25~30
钢丝绳行程（mm）	重载	45~50	25~40	
手板力（kN）		0.43	0.41	0.45

续表

型　号		SB1~1.5	LB-L（200）	YQ~3
钢丝绳	规格	φ9（7×7）	φ13.5	φ15.5（6×19）
	长度（m）	20	15	10
外型尺寸	长	407	516	495
	宽	202	258	260
	高	132	163	165
机体重量（kg）		9	14	16

机械设备：指用于建筑物中的运输、起吊和安装等的利用力学原理组成的各种装置。常用的机械设备可参照表1-11中内容进行了解。

机械设备参数表　　　　　　　　　　　　　表1-11

机械名称	单位	数量	工作天数			按8小时合工日			实际耗台版		
			20m	25m	30m	20m	25m	30m	20m	25m	30m
卷扬机双筒5t	台	1	17	18	19	27	29	31	27	29	31
卷扬机双筒2t	台	1	17	18	19	27	29	31	27	29	31
电焊机	台	1	17	13	14	22	24	26	22	24	26
氧割设备	套	1	17	13	14	22	24	26	22	24	26
电动葫芦2t以内	个	4	17	18	19	108	116	124	108	116	124
电动葫芦2t以内	个	1	17	18	19	27	29	31	27	29	31
电动葫芦双速10t以内	个	5	17	18	19	135	145	155	135	145	155
对讲机	台	2	17	18	19	按20%摊销					0.4台

二、工程量计算

《全国统一建筑工程基础定额》中水塔以塔顶及槽底、塔身（分筒式、柱式）、水箱内外壁、回廊及平台立项，考虑了水塔中倒锥形水塔施工方法的不同，所以将倒锥形水塔从水塔中分出单独立项。倒锥形水塔分滑模浇支筒和地面浇水箱混凝土两项。

1. 水塔基础

通常为满堂或环形。基础与筒身的划分为：钢筋混凝土筒式水塔，以筒座上表面为界，筒座以上为塔身，以下为基础，基础包括基础板和筒座；钢筋混凝土柱式塔身，以柱脚与基础底板或梁交接处为分界线；与基础板相连的梁，并入基础内部计算；如果是钢筋混凝土基础砖塔身，以混凝土与砖交接处为分界线。

水塔基础按实体体积计算，套用现浇混凝土部分基础相关定额。当基础为环形台阶式时，应将各层圆环体积相加，每层圆环体积计算公式为

$$V = \pi h(R_1^2 - R_2^2)$$

式中　V——圆环体积；

　　　R_1——圆环外半径；

　　　R_2——圆环内半径；

　　　h——圆环高。

2. 塔身

(1) 筒式塔身：钢筋混凝土筒式水塔塔身自基础（筒座）上表面至水塔底部下表面，计算工程量时，扣除门窗洞及 $0.3m^2$ 以上孔洞的体积，以 m^3 计算，依附于混凝土筒身的过梁、雨篷、墙垛、挑檐梁等，体积并入筒身工程量内计算；砖筒身中的混凝土圈梁、过梁、雨篷等按混凝土工程相应项目计算。

筒壁应按不同厚度分段计算，其计算公式为

$$V = hC\pi D$$

式中　V——筒壁体积；

　　　h——每段筒壁垂直高度；

　　　C——每段筒壁的厚度；

　　　D——每段筒壁的中心线直径。

(2) 柱式塔身：由柱及梁组成的钢筋混凝土框架。计算柱式塔身工程量时，不分柱、梁和直柱、斜柱，均以实体积并入塔身计算，套柱式塔身项目。

3. 回廊及平台

回廊指围绕在塔身或水槽的外廊，平台包括塔身内外的平台板。回廊与平台均按实体积以"m^3"计。砖塔身中与回廊及平台相连的钢筋混凝土圈梁，另列项目计算，分预制和现浇套用混凝土圈梁项目。

4. 水槽

它是水塔顶部蓄水部分，其形式有圆锥形和球形，由塔顶、槽底、内壁、外壁及圈梁组成。构造图如图 1-43。塔顶及槽底不分形式（塔形不分锥形、球形，槽底不分平底、拱底）均按图示尺寸以实体积计算，塔顶包括顶板和圈梁，槽底包括底板、挑出斜壁和圈梁。

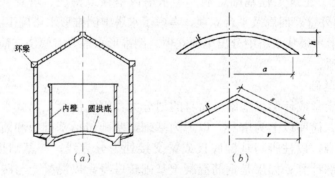

图 1-43　水槽结构图

(a) 水槽构造示意图；(b) 圆锥形、球形塔顶及槽底示意图

水槽计算基本公式如下：

圆锥形体积 $V = \pi rkt$

球形体积 $V = \pi t \ (a^2 + H^2)$

式中　V——体积；

　　　　a——球形底面半径；

　　　　t——壳体厚；

　　　　r——圆锥底面半径；

　　　　k——圆锥斜长；

　　　　H——高。

水槽的顶板计算公式，圆锥形计算公式，环梁（圈梁）计算公式，球壳底面板计算公式如下：

1）顶板一般为正锥壳顶，其工程量按下式计算：

$$V_{锥} = \pi l t (R + r) l = (R - r)^2 + h^2$$

式中　π——3.1416；

　　　　l——壳顶面斜长；

　　　　R——顶板中线半径；

　　　　r——孔洞圈梁外边线半径；

　　　　h——顶板面投影垂直高度；

　　　　t——顶板厚度。

2）水柜（水槽）的槽壁一般为圆筒形，而锥形水柜是由正锥壳顶和下锥壳（即倒锥壳）组成，各种锥形的工程均可按上式计算。对于圆筒形槽壁工程量可按下式计算：

$$V_{筒} = 2\pi R H t$$

式中　R——圆筒形槽壁中心半径（即槽壁内外半径平均值）；

　　　　H——槽壁高（算至上下环梁边线的距离）；

　　　　t——槽壁厚度。

若槽壁是内外双重壁，应分别计算。

3）环梁（圈梁）工程量按下式计算：

$$V_{环} = 2\pi R S$$

式中　R——环梁中心半径；

　　　　S——环梁槽断面积。

4）球壳底面板的工程量按下式计算：

$$V_{球} = 2\pi R_1 h_1 t$$

式中　R_1——球壳体中心半径；

　　　　h_1——球壳底边水平线至壳顶板截面中点的高度（即球壳上下边线高的平均值）；

　　　　t——球壳板的厚度。

水槽内外壁计算应按图示尺寸实体积（扣除 0.3m² 以上孔洞、砖壁等所占体积）以"m³"计算。依附于外壁的二垛、挑檐梁均并入外壁体积。

【例4】　求如图1-44所示水塔塔顶、塔底、塔身混凝土工程量。

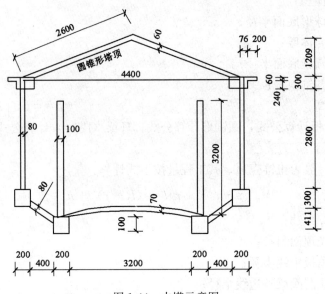

图1-44　水塔示意图

【解】　（1）2013清单与2008清单对照（表1-12）

2013清单与2008清单对照表							表1-12
序号	清单	项目编码	项目名称	项目特征	计算单位	工程量计算规则	工作内容
1	2013清单	070103001	水塔基础	1. 基础类型、埋深 2. 混凝土种类 3. 混凝土强度等级	m³	按设计图示尺寸以体积计算，不扣除构件内钢筋、预埋铁件和伸入承台基础的桩头所占体积	1. 模板及支架（撑）制作、安装、拆除、堆放、运输及清理模内杂物、刷隔离剂等 2. 混凝土制作、运输、浇筑、振捣、养护
	2008清单	2008清单中无此项内容，2013清单此项为新增加内容					
2	2013清单	070103002	水塔塔身	1. 塔身类型 2. 塔身高度 3. 混凝土种类 4. 混凝土强度等级	m³	按设计图示尺寸以体积计算，不扣除构件内钢筋、预埋铁件及单个面积≤0.3m²的孔洞所占体积，依附于塔身的过梁、雨篷、挑檐等应并入塔身体积内	1. 模板及支架（撑）制作、安装、拆除、堆放、运输及清理模内杂物、刷隔离剂等 2. 混凝土制作、运输、浇筑、振捣、养护
	2008清单	2008清单中无此项内容，2013清单此项为新增加内容					

续表

序号	清单	项目编码	项目名称	项目特征	计算单位	工程量计算规则	工作内容
3	2013清单	070103004	水塔环梁	1. 混凝土种类 2. 混凝土强度等级	m³	按设计图示尺寸以体积计算，不扣除构件内钢筋、预埋铁件所占体积	1. 模板及支架（撑）制作、安装、拆除、堆放、运输及清理模内杂物、刷隔离剂等 2. 混凝土制作、运输、浇筑、振捣、养护
	2008清单	2008清单中无此项内容，2013清单此项为新增加内容					

✽解题思路及技巧

水塔基础、水塔塔身、水塔环梁在计算时首先要看图，然后再进行计算，另外，水塔基础在计算时不扣除构件内钢筋、预埋铁件和伸入承台基础的桩头所占体积。

（2）清单工程量

塔顶工程量计算：

圆锥体积$=3.14×(4.4÷2+0.2-0.076)×2.6×0.06=1.138m^3$；

顶圈梁体积$=0.2×0.3×(4.4+0.2)×3.14=0.867m^3$；

圆环体积$=(4.4+0.2×2+0.2)×3.14×0.2×0.06=0.1884m^3$；

塔顶体积$=1.138+0.867+0.1884=2.193m^3$。

塔底工程量计算：

球缺塔体体积$=3.14×[1.6^2+(0.1+0.07)^2]×0.07=0.57m^3$；

斜壁体积$=(3.2+0.2×2+0.4)×3.14×(0.411^2+0.4^2)^{0.5}×0.08$

$\qquad =4.0×3.14×0.574×0.08$

$\qquad =0.58m^3$；

圈梁体积$=(3.2+0.2+3.2+0.2×2+0.4×2+0.2)×3.14×0.3×0.2$

$\qquad =1.51m^3$；

塔底工程量$=0.57+0.58+1.51=2.66m^3$；

塔顶+塔底$=2.193+2.66=4.853m^3$。

塔身工程量计算：

塔身工程量$=(3.2+0.4+0.8+0.2)×3.14×2.8×0.08=3.24m^3$。

（3）清单工程量计算表（表1-13）

清单工程量计算表　　　　　　　　　　　　　　　　表1-13

序号	项目编码	项目名称	项目特征描述	计量单位	工程量
1	070103001001	水塔基础	C20混凝土	m³	2.193
2	070103002001	水塔塔身	C20混凝土	m³	2.66
3	070103004001	水塔环梁	C20混凝土	m³	3.24

【例5】　如图1-45所示，某钢筋混凝土筒式水塔的水槽外壁为砖，内壁为钢筋混凝土，门洞尺寸为1.0m×1.0m，试计算水槽主体结构的工程量（抹灰、脚手架及钢筋、模板另行计算）。

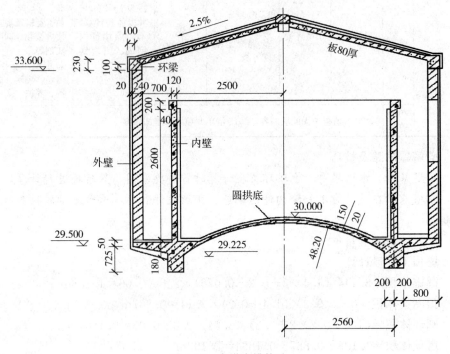

图1-45　水塔水槽构造

【解】　（1）2013清单与2008清单对照（表1-14）

2013清单与2008清单对照表　　　　表1-14

清单	项目编码	项目名称	项目特征	计算单位	工程量计算规则	工作内容
2013清单	070105007	水槽	1. 混凝土种类 2. 混凝土强度等级	m³	按设计图示尺寸以体积计算，不扣除钢筋、铁件及单个面积≤0.3m²孔洞所占体积	1. 模板及支架（撑）制作、安装、拆除、堆放、运输及清理模内杂物、刷隔离剂等 2. 混凝土制作、运输、浇筑、振捣、养护 3. 混凝土预制、场内运输、吊装、接头
2008清单	2008清单中无此项内容，2013清单此项为新增加内容					

❈解题思路及技巧

水槽在2013清单中按设计图示尺寸以体积计算，不扣除钢筋、铁件及单个面积≤0.3m²孔洞所占体积。

（2）清单工程量

1）塔顶及槽底：工程量两者合并计算，包括顶板圈梁、槽底挑出斜壁和圈梁。

塔顶板半径＝2.5＋0.12＋0.7＋0.32＝3.64m。

塔顶板体积＝$3.14 \times 3.64 \times [3.64^2 + (3.64 \times 0.025)^2]^{0.5} \times 0.08$

$\qquad = 3.329 \text{m}^3$。

塔顶环梁半径＝2.5＋0.12＋0.7＋0.16＝3.48m。

顶板环梁体积＝$0.32 \times 0.1 \times (2 \times 3.14 \times 3.48) = 0.700 \text{m}^3$。

槽底板体积＝$3.14 \times [2.56^2 + (30 - 29.225)^2] \times 0.15$

$\qquad = 3.370 \text{m}^3$。

挑出斜壁断面为梯形，分解为上矩形、下三角形，各按中心处半径计算体积。

挑出斜壁体积＝$0.15 \times 0.8 \times [2 \times 3.14 \times (3.56 - 0.40)] + 1/2 \times 0.03 \times 0.8$

$\qquad\qquad \times [2 \times 3.14 \times (3.56 - 2/3 \times 0.8)]$

$\qquad\qquad = 2.61 \text{m}^3$

圈梁体积＝$0.4 \times 0.875 \times (2 \times 3.14 \times 2.56) = 5.627 \text{m}^3$。

体积合计＝顶板 3.329m^3＋环梁 0.700m^3＋底板 3.370m^3＋斜壁 2.61m^3

$\qquad\qquad$＋圈梁 5.627m^3

$\qquad\qquad = 15.64 \text{m}^3$。

2）水槽内壁（分下壁板和上压顶两部分计算）：

$2.6 \times 0.12 \times (2 \times 3.14 \times 2.56) + 0.2 \times 0.16 \times [2 \times 3.14 \times (2.56 + 0.02)]$

$\qquad = 5.53 \text{m}^3$

3）水槽外壁（砖砌）：

壁高＝33.6－29.5－0.15＝3.95m；

中心半径＝3.56－0.12＝3.44m；

体积＝$[3.95 \times (2 \times 3.14 \times 3.44) - 1.0 \times 1.0] \times 0.24$

$\qquad = 20.24 \text{m}^3$。

（3）清单工程量计算表（表 1-15）

清单工程量计算表　　　　　　　　　　　　　　　　表 1-15

项目编码	项目名称	项目特征描述	计量单位	工程量
070105007001	水槽	水槽的体积	m³	20.25

【例6】 如图 1-46 所示，求水塔工程量并套用定额及清单。

【解】 （1）2013 清单与 2008 清单对照（表 1-16）

✲解题思路及技巧

水塔基础、水塔塔身、水塔环梁在计算式首先要看图在进行计算，另外呢水塔基础在计算时不扣除构件内钢筋、预埋铁件和伸入承台基础的桩头所占体积。

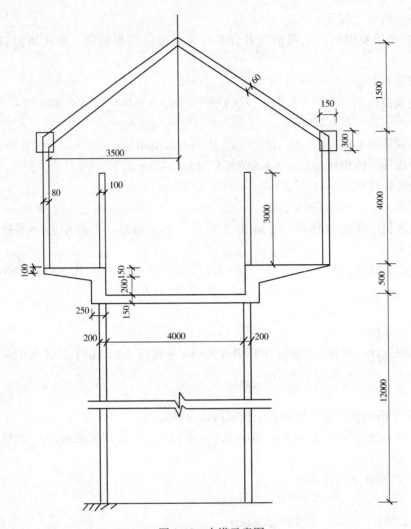

图 1-46 水塔示意图

2013 清单与 2008 清单对照表　　　　　　表 1-16

序号	清单	项目编码	项目名称	项目特征	计算单位	工程量计算规则	工作内容
1	2013 清单	070103001	水塔基础	1. 基础类型、埋深 2. 混凝土种类 3. 混凝土强度等级	m³	按设计图示尺寸以体积计算，不扣除构件内钢筋、预埋铁件和伸入承台基础的桩头所占体积	1. 模板及支架（撑）制作、安装、拆除、堆放、运输及清理模内杂物、刷隔离剂等 2. 混凝土制作、运输、浇筑、振捣、养护
	2008 清单	2008 清单中无此项内容，2013 清单此项为新增加内容					

续表

序号	清单	项目编码	项目名称	项目特征	计算单位	工程量计算规则	工作内容
2	2013 清单	070103002	水塔塔身	1. 塔身类型 2. 塔身高度 3. 混凝土种类 4. 混凝土强度等级	m³	按设计图示尺寸以体积计算，不扣除构件内钢筋、预埋铁件及单个面积≤0.3m²的孔洞所占体积，依附于塔身的过梁、雨篷、挑檐等应并入塔身体积内	1. 模板及支架（撑）制作、安装、拆除、堆放、运输及清理模内杂物、刷隔离剂等 2. 混凝土制作、运输、浇筑、振捣、养护
	2008 清单	2008 清单中无此项内容，2013 清单此项为新增加内容					
3	2013 清单	070103004	水塔环梁	1. 混凝土种类 2. 混凝土强度等级	m³	按设计图示尺寸以体积计算，不扣除构件内钢筋、预埋铁件所占体积	1. 模板及支架（撑）制作、安装、拆除、堆放、运输及清理模内杂物、刷隔离剂等 2. 混凝土制作、运输、浇筑、振捣、养护
	2008 清单	2008 清单中无此项内容，2013 清单此项为新增加内容					

（2）清单工程量

圆锥体积＝$1/3 \times 3.14 \times (3.58^2 \times 1.5 - 3.5^2 \times 1.44) = 1.659 m^2$。

 贴心助手

3.58 为圆锥的外边缘半径，1.5 为圆锥的高度，3.5 为圆锥的内边缘半径，1.44 为圆锥的净高。

顶圈梁体积＝$3.14 \times (3.65^2 - 3.5^2) \times 0.3 = 1.010 m^3$。

 贴心助手

3.65 为圈梁外边缘的半径，3.5 为圈梁内边缘的半径，则圈梁的环形面积可知。圈梁的高度为 0.3m。

塔顶体积＝$1.659 + 1.010 = 2.669 m^3$。

 贴心助手

1.659 为圆锥的体积，1.010 为顶圈梁的体积。

塔底工程量计算：

平板塔体体积＝$3.14 \times 4 \times 0.15 = 1.884 m^3$。

 贴心助手

平板塔体底部半径为 2m，厚度为 0.15m。

圈梁体积＝3.14×[(4.5/2)²−2²]×0.5＝1.668m³。

 贴心助手

4.5/2 为圈梁外边缘的半径，2 为圈梁内边缘的半径，则圈梁的环形面积可知。圈梁的高度为 0.5m。

$$悬挑板体积＝1/2×(0.1＋0.15)×(3.58−2.25)×3.14$$
$$×[2＋(3.58−2.25)/2]$$
$$＝1.391m³。$$

 贴心助手

0.1 为塔底上部截面为梯形的上底长，0.15 为下底长，2.58−2.25 为高度，2＋(3.58−2.25)/2 为底部直径，则周长可知。截面积×周长＝悬挑板的体积。

塔底工程量＝1.884＋1.668＋1.391＝4.943m³。

塔身工程量计算：

$$3.14×(2.2²−2²)×12＋3.14×(3.58²−3.5²)×4.0＋3.14$$
$$×(2.1²−2²)×3.0＝42.627m³$$

 贴心助手

塔身下部外边缘半径为 2.2m，内边缘半径为 2m，高度为 12m。塔身上部外边缘半径为 3.58m，内边缘半径为 3.5m，高度为 4m。中部凸出部分的外边缘半径为 2.1m，内边缘半径为 2m，高度为 3m。

(3) 清单工程量计算表（表 1-17）

清单工程量计算表　　　　　　　　　　　　　　　　　表 1-17

序号	项目编码	项目名称	项目特征描述	计量单位	工程量
1	070103001001	水塔基础	C20 混凝土	m³	4.94
2	070103002001	水塔塔身	C20 混凝土	m³	42.63
3	070103004001	水塔环梁	梁高 300mm	m³	1.010

第四节　烟　囱

（编码：070106）

一、名词解释

（一）项目名称

烟囱：建筑物的内炉灶的排烟道出屋面部分及锅炉房的竖直排烟道通道统称为烟囱。烟囱的排烟靠空气的温差产生的上升运动自然排烟。管道截面积依排烟量而定。烟囱多用砖砌筑，排烟量大且高度较高的采用钢筋混凝土浇筑，排烟量小时可采用陶瓦管。烟囱截面可分为方形、圆形或椭圆形。突出屋面的烟囱以及独立的烟囱均应有可靠的稳定或拉接措施。

工业用烟囱按筒身所用材料可分为砖烟囱和混凝土烟囱。其中钢筋混凝土烟囱一般筒身高为60～210m，底部直径为7～16m左右，筒壁坡度常用2‰，筒壁厚度可随分节高度自下而上呈阶梯形减薄，但同一节中厚度应相同，分节高度一般不大于15m。

一般的钢筋混凝土烟囱分为基础和筒身两大部分。其中基础又分为基础底板及筒座。筒座以上为筒身。如图1-47所示。

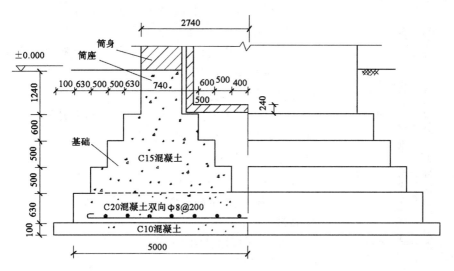

图1-47　烟囱基础剖面图

在定额中，钢筋混凝土烟囱以采用滑升钢模施工，早强剂淋水养护为准。实际施工与此不符的，不予换算，定额中只列出了滑升钢模浇钢筋混凝土筒身一个大项。其中又按高度分为60、80、100、120、150、180、200（m）以内几个小项。套用定额时，应按筒身高度不同以钢筋混凝土筒身混凝土的工程量套取相应项目。砖烟囱（图1-48）中混凝土圈梁和过梁，应按实体积计算，套用混凝土分部的相应项目。

烟道连接炉体和筒身，锅炉内的燃料燃烧后烟气向烟道进入烟囱排出。烟道一般做成拱形通道，烟道也要做内衬隔离层。烟道与炉体的划分以第一道闸门为准，即烟道长度按炉体第一个闸门至筒身外皮连接处的长度计算，炉体以内的烟道，列入炉体工程量内计算。

烟道与炉体的划分，以第一道闸门为准，在炉体内的烟道，应列入炉体工程量内，混凝土烟道，可按地沟项目计算。烟道按施工实际以不同材料套用砌体面积相应项目。烟囱内的钢筋混凝土集灰斗（包括分隔墙、水平隔墙、梁柱等），应按相应项目计算，轻质混凝土填充以及混凝土地面等，按楼地面相应项目计算。

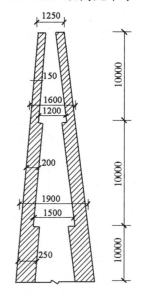

图1-48　砖烟囱示意图

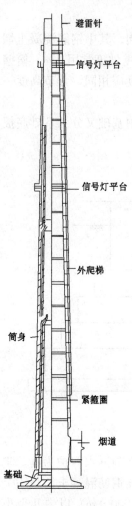

图 1-49 烟囱构造图

（二）项目特征

1. 烟囱的分类

（1）砖烟囱：适用于低矮的烟囱工程，高度一般在60m以下，其截面形式有圆形和方形两种，但采用最多的是圆形。

砖烟囱构造简单，取材方便，造价低廉，但整体性及抗震性都较差，在20世纪50年代，这种烟囱多见。

（2）钢筋混凝土烟囱：高度一般在60～250m之间，断面呈圆形。与砖烟囱相比，造价较高，但抗震性能好，有利于机械化施工。尤其是在设防烈度较高的地区，这种烟囱更有其独特的优势，因此，钢筋混凝土烟囱在目前使用十分广泛。

（3）钢烟囱：前两种烟囱是我国目前使用较多的烟囱形式，但也有少数工程使用钢烟囱。钢烟囱又分为自立式与塔架式两种，前者高度一般不大于100m，后者高度一般在100～200m。

钢烟囱造价很高，况且我国钢材紧张，应尽量少采用这种烟囱。

2. 烟囱构造（图1-49）

（1）基础

基础承受烟囱自重及其他荷载，并将其受力均匀传给地基。常见的基础形式有：圆形、环形及锥形薄壳基础等（图1-50）。

（2）筒身

筒身是烟囱工程的主体部位，可用砖材及钢筋混凝土材料等制作。呈圆锥形，倾斜度在1%～10%之间，筒壁厚度自下而上随高度

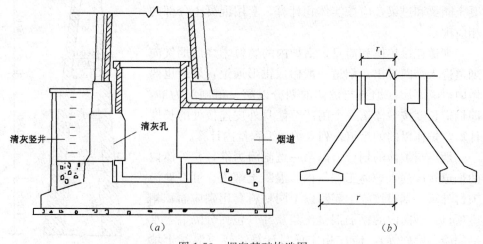

（a） （b）

图 1-50 烟囱基础构造图

（a）圆形整板基础；（b）倒锥形薄壳基础

的增高而逐渐减薄，一般是每 10m 高为一段，逐段减薄。但考虑到烟囱一般比较高大，上部受风荷载等力的作用比较大，故筒身上部最小厚度不小于 140mm，当上口内径 $D \geqslant 4m$ 时，要适当增加壁厚。一般规定如下：

1）砖烟囱：

当上口内径 $D \leqslant 3m$ 时，壁厚应大于等于 240mm；

当上口内径 $D > 3m$ 时，壁厚应大于等于 370mm。

2）钢筋混凝土烟囱：

当上口内径 $D \leqslant 4m$ 时，壁厚应不小于 140mm；

当上口内径 $4m < D \leqslant 6m$ 时，壁厚应不小于 160mm；

当上口内径 $6m < D \leqslant 8m$ 时，壁厚应不小于 180mm；

当上口内径 $D > 8m$ 时，最小壁厚＝$[180 + (D - 8) \times 10]mm$。

3）筒座：

介于烟囱基础与筒身之间的加大的圆台形部位为筒座，它从 ±0.20 处制作，下部底面积大于筒身平面面积，以一定的坡度向上倾斜，其坡度一般略大于烟囱坡度，其高度占整个烟囱全部高度的 5%～10%左右。

在烟囱底部设置筒座的目的是增加烟囱结构的稳定程度，提高其抗震性能和整体性能。

4）筒首：

位于烟囱顶部的特殊部位为筒首，它一直处于烟囱排出烟气的侵袭之中，且承受较大的风荷载，故此部位要进行结构加固及防腐处理。为了增加美观，可在筒首进行装饰处理，如图 1-51 所示。

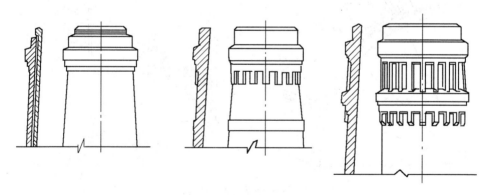

图 1-51 筒首装饰图

5）附属部位：

① 爬梯：

为了方便烟囱的检修和施工人员的上下，应在烟囱背风面设置垂直外爬梯。钢筋混凝土烟囱的外爬梯一般由 60mm×60mm 的扁钢和 $\phi 19 \sim \phi 20$ 的圆钢制作，梯宽为 300mm 左右。为了爬梯使用时的安全，要在爬梯外侧设金属围栏。

砖烟囱的爬梯由插入砖筒壁一定深度的 $\phi 19 \sim \phi 22$ 的圆钢制成，上下级间距也为 300mm。

烟囱爬梯一般高于烟囱顶 0.8～1.0m，可从地面上部略高一些的位置开始，或从距离地面 2.5m 高度处开始，如图 1-52 所示。

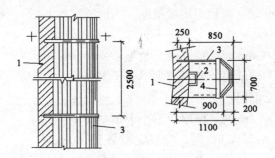

图 1-52　烟囱爬梯构造
1—筒壁；2—爬梯；3—围栏；4—休息板

② 信号灯平台及标志色：

为避免烟囱过高受到空中飞行物撞击而发生事故，需要在烟囱的一定位置加设信号灯平台及标志色。信号灯平台是为安装信号灯而设，信号灯又是为了满足夜间飞行要求而设。平台一般设在烟囱顶部以下 6m 处；若烟囱过高，还可以在中间增设信号灯平台，而后，沿烟囱圆周方向在平台栏杆上均匀布置 3 个或 4 个信号灯。如图 1-53 和图 1-54 所示。

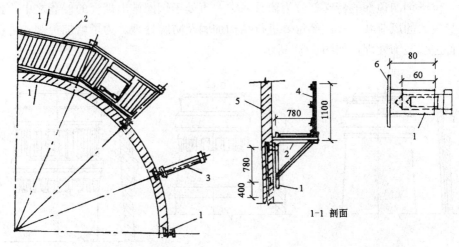

图 1-53　钢筋混凝土烟囱信号灯平台
1—暗榫；2—平台板；3—三角架；4—围栏；5—筒壁

为满足白天飞行需要（信号灯在白天起不到标志作用），在设置信号灯同时，还要在烟囱顶以下一定部位制作航空标志色。标志色用耐大气和耐腐蚀性能较好的油漆制作，在一定高度范围内，每隔 5m 刷一道红白相间或橙黄、黑色相间的横条，筒首刷两色相间的竖条。这种标志色要醒目鲜明。

③ 避雷装置：

由避雷针、引雷环、导线和接地极等构成，是为防止高耸空中的建筑物遭受雷击而设置的。

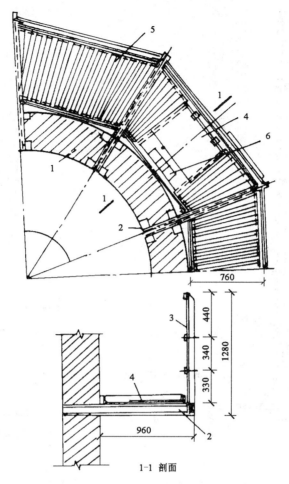

图 1-54　砖烟囱信号灯平台构造
1—筒壁；2—工字钢梁；3—围栏；4—人孔盖板；5—平台板；6—爬梯

避雷针通常为 ϕ38mm、长 3.5m 的避雷钢管，高出筒首 1.8m。根据烟囱的高度和筒口直径的大小来考虑避雷针个数。

接地极由镀锌扁钢带与数根接地钢管焊接而成，沿烟囱基础周围等距离布置成环形（图 1-55）。

6）内衬及隔热层

为了保护烟囱筒身，当烟囱较高大时，一般要在筒身里侧另做内衬。它由耐火性能较好的烧结砖分段砌筑在筒身的内侧环形牛腿上，一般厚度≥120mm。

在筒身与内衬之间，设一定厚度的隔热层，它可为无填充材料的空气层和有填充材料的夹层，如图 1-56 所示。

3. 烟囱的材料选用

（1）砖石及灰浆

1）普通黏土砖：砖筒壁一般要求采用强度等级不低于 MU7.5 的标准形式异型的一等烧结普通砖。在寒冷地区，砖的抗冻性能指标应符合有关规定。

2）耐火黏土砖：适用于烟囱的烟气温度超过 900℃ 的内衬。

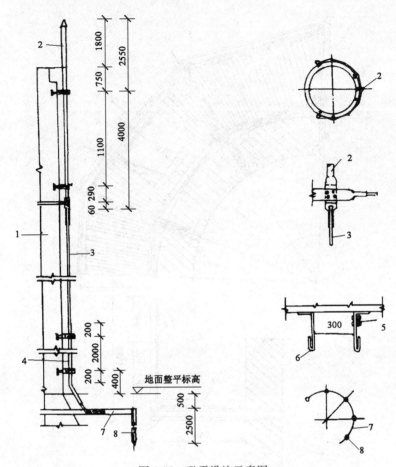

图 1-55 避雷设施示意图

1—筒身；2—避雷针；3—导线；4—保护钢管；5—导火线夹板；6—爬梯爪；7—镀锌扁钢带；8—接地极

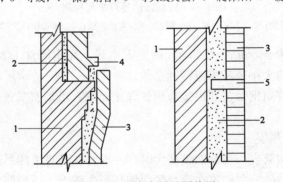

图 1-56 烟囱内衬及隔热层

1—筒壁；2—隔热层；3—内衬；4—挑砖；5—防沉带

3）耐酸性砖：适用于烟气中的硫化物含量超过 1% 的烟囱砌筑内衬。

4）灰浆：分黏土灰浆、混合砂浆和耐火灰浆三种。

黏土灰浆：以黏土和砂合成的灰浆，其比例为 ［BF］1∶1 或 1∶1.5，适用于排出的烟气温度在 400～700℃ 之间的烟囱。

混合砂浆：也称水泥石灰砂浆，在砖烟囱的砌筑工程中，其强度等级不得低于 M2.5。

耐火灰浆：由耐火粉和耐火黏土混合而成，是砌筑耐火砌体时使用的灰浆材料。耐火灰浆中耐火粉与耐火黏土的配合比一般为：75：25、65：35、55：45 三种。

（2）混凝土

1）钢筋混凝土烟囱筒壁：

① 混凝土应采用硅酸盐水泥、普通硅酸盐水泥、矿渣硅酸盐水泥配制。混凝土强度等级不低于 C20。

② 混凝土的水灰比不宜大于 0.5，混凝土的水泥用量不宜超过 $450kg/m^3$。

③ 沿筒壁高度方向宜采用相同强度等级的混凝土；当烟囱高在 150m 以上时，也可采用不同等级的混凝土；烟囱下部混凝土等级应高于上部。

2）基础：

① 钢性基础的混凝土等级不应低于 C10。

② 板式基础的混凝土等级不应低于 C15。

③ 壳式基础的混凝土等级不应低于 C30。

（3）钢筋和钢材

1）筒壁：

① 钢筋混凝土筒壁宜用 HRB335 钢筋。

② 砖筒壁的环筋应为 HPB300 钢筋，纵向筋采用 HRB335 筋。

③ 砖烟囱的环箍宜用 3 号钢材。

2）基础：宜采用 HRB335 钢筋。

3）附件：烟囱的平台，爬梯及螺栓等，宜采用 3 号钢材。

（4）隔热材料

应选用无机材料作为隔热材料，其干燥状态下的密度不宜大于 $800kg/m^3$。

常用的隔热材料有：矿渣棉、水泥珍珠岩板、膨胀珍珠岩、高炉水渣及蛭石等。

（三）工程量计算规则

烟囱钢滑升模板项目均已包括烟囱筒身、牛腿、烟道口；水塔滑升模板均已包括直筒、门窗洞口等模板用量。在计算烟囱滑升模板项目时，不要另计烟囱筒身、牛脚、烟道口的工程量；在计算水塔滑升模板项目时，也不用另计直筒、门窗洞口等的模板用量。

烟囱的主要作用是通过其自身竖孔产生的自然抽力将锅炉和工业窑炉的烟气排除到卫生标准允许的高度。一般烟囱常做成圆形，按其构造部位分为基础、筒身、筒首、烟道、内衬、隔绝层及附属设施等，筒身下部由烟道与锅炉相连接。

烟囱按筒身材料分为砖烟囱和钢筋混凝土烟囱。烟囱筒身 60m 以内一般设计成砖烟囱，60m 以外为钢筋混凝土烟囱，烟囱身上附有铁爬梯、休息平台、避雷针等。

砖烟囱基础用砖、毛石、毛石混凝土或钢筋混凝土等浇筑而成，而钢筋混凝土烟囱基础多为钢混凝土。

1. 混凝土烟囱

混凝土烟囱是筒道结构，定额按液压滑升钢模编制，它是利用预先埋设在即将浇筑混凝土内的钢杆（或受力钢筋）作为支承操作平台和模板的支承杆，并使用安装在支承杆上的液压千斤顶来带动操作平台和模板的上升，如图 1-57 所示。

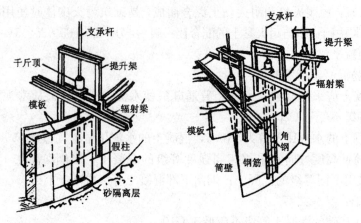

图 1-57　液压滑杆钢模示意图

2. 模板工程量计算

基础部分如图 1-58 所示。它是由两个梯形和一个矩形断面旋转一周而成，故可近似计算为筒座基础体积＝基础断面积×中心圆周长。

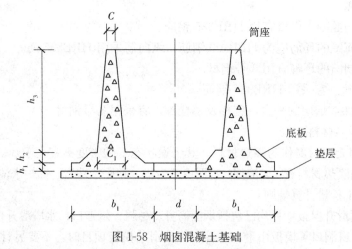

图 1-58　烟囱混凝土基础

筒身是主体，一般根据情况，可用砖或混凝土筑成。

牛腿：指柱、墙身或梁侧挑出的托座。

内衬和隔热层是为了降低烟囱筒壁内外的温度差，减少温度应力和防止侵蚀性气体的侵蚀而设置的隔热保护层。内衬材料常采用普通黏土砖（红砖）、耐火砖或耐酸砖等。隔热层材料多使用矿渣、石棉粉等。

烟道是供排烟的过道，一般为砖砌内壳，内衬耐火、耐酸材料。

附属设施包括检修爬梯，保护安全的围栏、信号灯、金属紧箍圈、避雷针等。

3. 烟囱基础

（1）基础构造：

烟囱基础按所用材料可分为砖基础、毛石基础、毛石混凝土基础、混凝土基础、钢筋混凝土基础等，一般多采用钢筋混凝土基础，只有高度较小的砖烟囱而烟道又在地面以上时，才采用砖、石砌体的基础。砖、石基础多为实砌。混凝土及钢筋混凝土基础可做成满堂基础或环形基础，其基础包括基础板与筒座，筒座以上部分为筒身，如图 1-59 所示。

　　基础下面设有毛石混凝土和混凝土垫层。环形基础可以减少基础体积，节省材料。而采用非预应力及预应力钢筋混凝土锥形薄壳烟囱基础，则改变了结构形式，能充分发挥结构材料的强度，较满堂基础或环形基础可节省混凝土 50％以上，钢材 20％以上，具有较好的技术经济效果。

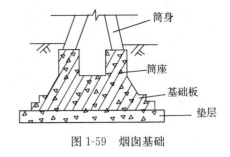

图 1-59　烟囱基础

　　（2）工程量计算规则：

　　1）基础与筒身的划分，以基础大放脚的扩大顶面为界，以上为筒身，以下为基础。

　　2）砖基础以下的钢筋混凝土或混凝土大底板，按钢筋混凝土烟囱基础相应定额执行。

　　3）钢筋混凝土烟囱基础包括基础底板及筒身，筒座以上为筒身。

　　4）基础模板按模板与混凝土接触面积计算。

二、工程量计算

　　【例 7】　某烟囱 C25 混凝土现浇，筒身高 40m，下口外径 2.125m，内径 1.625m，上口外径 1.175m，内径 0.875m，试求筒身工程量。

　　【解】　（1）2013 清单与 2008 清单对照（表 1-18）

2013 清单与 2008 清单对照表　　　　　　　　　表 1-18

清单	项目编码	项目名称	项目特征	计算单位	工程量计算规则	工作内容
2013 清单	070106002	烟囱筒壁	1. 烟囱高度 2. 烟囱上口内径 3. 混凝土种类 4. 混凝土强度等级	m³	按设计图示尺寸以体积计算，不扣除构件内钢筋、预埋铁件及单个面积≤0.3m² 的孔洞所占体积，钢筋混凝土烟囱基础包括基础底板及筒座，筒座以上为筒壁	1. 模板及支架（撑）制作、安装、拆除、堆放、运输及清理模内杂物、刷隔离剂等 2. 混凝土制作、运输、浇筑、振捣、养护
2008 清单	2008 清单中无此项内容，2013 清单此项为新增加内容					

✿解题思路及技巧

　　烟囱筒壁在计算时，不扣除构件内钢筋及单个面积≤0.3m² 的孔洞所占体积，根据公式进行计算。

　　（2）清单工程量

　　1）近似计算

　　下口中心直径为 1/2×（2.125+1.625）＝1.875m；

　　下口厚度为 1/2×（2.125−1.625）＝0.25m；

　　上口中心直径为 1/2×（1.175+0.875）＝1.025m；

　　上口厚度为 1/2×（1.175−0.875）＝0.15m；

　　上、下口平均厚度为 1/2×（0.25+0.15）＝0.20m；

筒身工程量＝1/2×(1.875＋1.025)×3.14×40×0.20

　　　　　＝36.42m³。

2）数学公式计算

应用圆台体积公式，求外径体积减内径体积：

$V_外＝\pi H/12(D^2＋d^2＋D×d)$

　　＝3.14×40/12×(2.125²＋1.175²＋2.125×1.175)

　　＝87.85m³

$V_内＝3.14×40/12×(1.625^2＋0.875^2＋1.625×0.875)$

　　＝50.53m³

筒身工程量＝$V_外－V_内$＝87.85－50.53＝37.32m³。

（3）清单工程量计算表（表 1-19）

清单工程量计算表　　　　　　　　　　　　　　　表 1-19

项目编码	项目名称	项目特征描述	计量单位	工程量
070106002001	烟囱筒壁	C25 混凝土	m³	37.32

第五节　烟　　道
（编码：070107）

一、名词解释

（一）项目名称

烟道顶多弧形，起连接炉体的作用。烟道的第一道门与炉体分界，计算工程量时，闸门前的部分应列入炉体工程量内。而烟道长度是从第一道闸门向后到烟囱外皮的距离。弧形顶搁置在两边主墙上。它常用于烟囱与炉体的连接，其剖面图如图 1-60 所示。

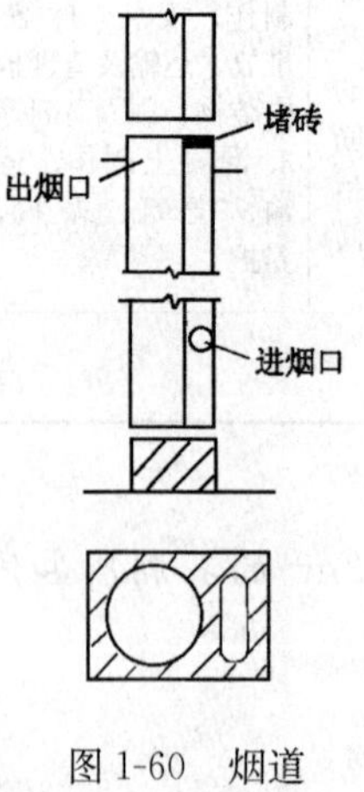

图 1-60　烟道

通风道：有些厂房为了满足常年通风的需要，将位于厂房高处的侧窗设计为固定式通风窗，即通风道。可将钢筋混凝土窗扇做成固定窗扇，也可将局部做成钢筋混凝土百页。

烟道和通风道：装配式大板建筑中一般做成预制钢筋混凝土构件。构件的高度为一个楼层，壁厚为 30mm，上下层构件在楼板处相接、交接处坐浆要密实，最下部放在基础上，最上一层应在屋面上现砌出烟口，并用预制钢筋混凝土板压顶。

预制垃圾道模板：在模板面钉硬塑料板，使构件混凝土表面平滑，省掉湿粉刷。里模用方木铰框架支模，既省材料，支拆也方便。支模时在框架的两侧及端部钉上斜撑即可固定，拆模时将斜撑拆除，整个里模框架即可拆拢抽出，拆除里模。预制垃圾道的模板构造及里模的方木铰结活络支架工作原理如图 1-61，铰接活络支架的各铰接点均用一枚圆钉组成，因此，纵向及高低方向均能转动成平行四边形。

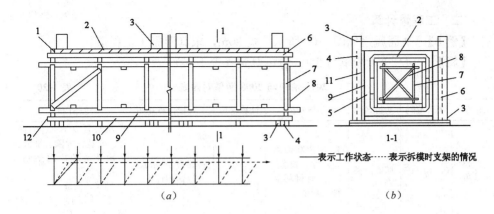

图 1-61 预制垃圾道模板

（a）垃圾道活络支架支里模；（b）里模板活络支架工作原理示意

1—50×50端模；2—里模板（板厚45，拼档50×50，间距500）；3—ϕ12螺栓；4—100×100夹木，间距1000；5—钢筋混凝土；6—活络支架牵杠木；7—横档35×40；8—临时斜撑（在支架的西端及两侧各钉一条）；9—4厚硬塑料板面层；10—底模板50厚，拼档50×75间距500；11—45厚侧模板；12—长75圆钉（在每根横档与牵杠木中心钉一颗钉，使支架成为可活动的平行四边形）

垃圾道：在建筑物里为方便人们丢放垃圾而预留的孔道叫垃圾道。预制构件：专指钢筋混凝土结构工程中预先制成再吊装到设计位置的构件。其特点是预制生产，现场安装。即预先将钢筋混凝土在构件厂或施工现场单件制作，待达到预定强度后，在施工现场设计位置进行组装，形成结构整体。定型的标准预制构件可由构件厂成批生产，如预制梁、预制板、预制阳台板等。各地根据标准结构设计图纸，已形成了相应的预制构件产品规格。对大型预制构件，由于受运输等条件限制，多在施工现场就地预制。预制构件的优点是节约模板，便于机械化施工，缩短工期。采用预制构件是建筑工业化的一种重要途径。

（二）项目特征

烟道体积：烟道常用于烟囱与炉体的连接。其剖面如图 1-62 所示，两边的耳墙按图示尺寸以立方米计算。拱顶部分工程量计算见计算规则拱板的计算。烟道的体积等于耳墙、拱顶和垫层体积和。在住宅建筑中，装配式烟道、垃圾道、通风道高为一个楼层，壁厚30mm，上下构件在楼板交接处坐浆密实，如图 1-63。

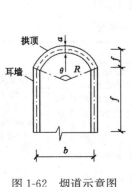

图 1-62 烟道示意图

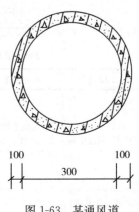

图 1-63 某通风道

二、工程量计算

【例8】 某通风道如图 1-63 所示，长 30m，求其混凝土工程量。

【解】（1）2013 清单与 2008 清单对照（表 1-20）

表 1-20

2013 清单与 2008 清单对照表

清单	项目编码	项目名称	项目特征	计算单位	工程量计算规则	工作内容
2013 清单	070107005	烟道内衬	1. 烟道断面净空尺寸、长度 2. 内衬材料品种、规格	m³	按设计图示尺寸以体积计算	1. 模板及支架（撑）制作、安装、拆除、堆放、运输及清理模内杂物、刷隔离剂等 2. 砌筑、勾缝 3. 材料搅拌、运输浇筑、振捣、养护
2008 清单	2008 清单中无此项内容，2013 清单此项为新增加内容					

❋**解题思路及技巧**

（2）清单工程量

混凝土工程量 $= 3.14 \times (0.5^2 - 0.3^2) \times 30 = 15.07 \text{m}^3$。

（3）清单工程量计算表（表 1-21）

表 1-21

清单工程量计算表

项目编码	项目名称	项目特征描述	计量单位	工程量
070107005001	烟道内衬	通风道长 30m，外径宽为 0.5m，内径宽为 0.3m	m³	15.07

【例9】 某垃圾道如下图示，计算其混凝土工程量。

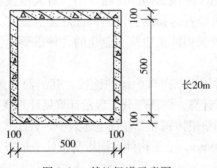

图 1-64 某垃圾道示意图

【解】（1）2013 清单与 2008 清单对照（表 1-22）

表 1-22

2013 清单与 2008 清单对照表

清单	项目编码	项目名称	项目特征	计算单位	工程量计算规则	工作内容
2013 清单	070107002	烟道壁板	1. 混凝土种类 2. 混凝土强度等级	m³	按设计图示尺寸以体积计算，不扣除构件内钢筋、预埋铁件及单个面积 $\leqslant 0.3\text{m}^2$ 的孔洞所占体积	1. 模板及支架（撑）制作、安装、拆除、堆放、运输及清理模内杂物、刷隔离剂等 2. 混凝土制作、运输、浇筑、振捣、养护
2008 清单	2008 清单中无此项内容，2013 清单此项为新增加内容					

❋解题思路及技巧

烟道壁板按设计图示尺寸以体积计算，不扣除构件内钢筋、预埋铁件及单个面积≤0.3m² 的孔洞所占体积。

（2）清单工程量

混凝土工程量＝$(0.7^2-0.5^2)×20＝4.8m^3$。

（3）清单工程量计算表（表 1-23）

清单工程量计算表　　　　　　　　表 1-23

项目编码	项目名称	项目特征描述	计量单位	工程量
070107002001	烟道壁板	烟道墙长为 0.7m，烟道长为 20m	m³	4.8

【例 10】　某单位暖气沟通道采用钢筋混凝土预制，如图 1-65 图示，计算混凝土工程量。

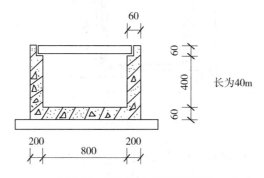

图 1-65　某暖气沟通道示意图

【解】　（1）2013 清单与 2008 清单对照（表 1-24）

2013 清单与 2008 清单对照表　　　　　表 1-24

清单	项目编码	项目名称	项目特征	计算单位	工程量计算规则	工作内容
2013清单	070107004	烟道隔热层	1. 烟道断面净空尺寸、长度 2. 隔热层材料品种、规格	m³	按设计图示尺寸以体积计算	材料铺贴
2008清单	2008 清单中无此项内容，2013 清单此项为新增加内容					

❋解题思路及技巧

烟道隔热层通过看图，运用 2013 清单计算，在计算时按图示尺寸以体积计算。

（2）清单工程量

工程量＝$(0.2×0.46×2+0.8×0.06-0.06×0.06×2)×40$

　　　＝$(0.184+0.048-0.0072)×40$

　　　＝$8.992m^3$

（3）清单工程量计算表（表 1-25）

清单工程量计算表　　　　　　　表 1-25

项目编码	项目名称	项目特征描述	计量单位	工程量
070107004001	烟道隔热层	烟道墙厚为 0.2m	m³	8.992

【例 11】 某烟道拱顶为半圆形（图 1-66），烟道墙厚 $C=0.15$m，墙高 $h=3.00$m，中心线半径 5.00m，烟道长 $L=10$m，求烟道体积。

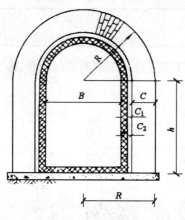

图 1-66　烟道断面

【解】　（1）2013 清单与 2008 清单对照（表 1-26）

2013 清单与 2008 清单对照表　　　　　　表 1-26

清单	项目编码	项目名称	项目特征	计算单位	工程量计算规则	工作内容
2013 清单	070107001	烟道顶板	1. 混凝土种类 2. 混凝土强度等级	m³	按设计图示尺寸以体积计算，不扣除构件内钢筋、预埋铁件及单个面积 ≤0.3m² 的孔洞所占体积	1. 模板及支架（撑）制作、安装、拆除、堆放、运输及清理模内杂物、刷隔离剂等 2. 混凝土制作、运输、浇筑、振捣、养护
2008 清单	2008 清单中无此项内容，2013 清单此项为新增加内容					

✿解题思路及技巧

烟道顶板按设计图示尺寸以体积计算，不扣除构件内钢筋、预埋铁件及单个面积≤0.3m² 的孔洞所占体积。

（2）清单工程量

1）按半圆拱计算公式计算，外半径 $R=5.075$m：

$$V=C\times[2\times h+(R-C/2)\pi]\times L$$

$$=0.15\times[2\times3.0+(5.075-0.15/2)\times3.14]\times10.0$$

$$=0.15\times21.8\times10$$

$$=32.55m^3$$

2）按圆弧拱计算公式计算：

$\theta=180°$（即半圆弧）

$$V=C\times(2h+\pi/180°\times r\times\theta)\times L$$
$$=0.15\times(2\times3.0+3.14/180°\times5.0\times180°)\times10.0$$
$$=0.15\times21.708\times10$$
$$=32.55m^3$$

3）按矢高的长高比公式计算：

中心跨距 $l=2\times5.0=10.0m$。

矢高＝1/2L，查表知，$K=1.57$：

$$V=C\times(2h+l\times K)\times L$$
$$=0.15\times(2\times3.0+10.0\times1.57)\times10.0$$
$$=0.15\times21.7\times10$$
$$=32.55m^3$$

按以上三种方法计算结果基本相同，在实际工作中，可任取一种方法计算即可。

（3）清单工程量计算表（表 1-27）

清单工程量计算表　　　　　　　　表 1-27

项目编码	项目名称	项目特征描述	计量单位	工程量
070107001001	烟道顶板	烟道墙厚 $C=0.15m$，墙高 $h=3.00m$，中心线半径 5.00m，烟道长 $L=10m$	m³	32.55

第六节　工业隧道
（编码：070108）

一、名词解释

弓型底板：即底板的形状为弓型，这类底板可节省材料，也可满足强度的要求。

隧道内衬：是指隧道混凝土成型后，用砖石、混凝土等建筑材料给混凝土壁加衬，使隧道不仅美观而且其对围岩的支承力也加强。

二、项目特征

混凝土强度等级、石料最大粒径：混凝土强度等级一般不应低于 C20，石料最大粒径：混凝土用的水泥强度等级不应低于 32.5MPa，水泥用量不应少于 370kg/m³，水灰比应小于 0.6，坍落度应为 200±20mm。石子粒径不宜大于导管直径的 1/8，采用碎石时用量应不小于 400kg/m³。

三、工程内容

混凝土浇筑、养生：分别详见项目编码梁、板混凝土的浇筑要求。

（1）混凝土应按一定厚度、顺序和方向分层浇筑。

1) 应在下层混凝土初凝或能重塑前浇筑完成上层混凝土。

2) 上下层同时浇筑时，上层与下层前后浇筑距离应保持1.5m以上。

3) 在倾斜面上浇筑混凝土时，应从低处开始逐层扩展升高，保持水平分层。

4) 混凝土分层浇筑厚度不宜超过相关的规定。

(2) 自高处向模板内倾卸混凝土时，为防止混凝土的离析，应符合下列要求：

1) 从高处直接倾卸时，其自由倾落高度一般不宜超过2m，以不发生离析为度。

2) 当倾落高度超过2m时，应通过串筒、溜管或振动溜管等设施下落；倾落高度超过10m时，应设置减速装置。

3) 在串筒出料口下面，混凝土堆积高度不宜超过1m。

(3) 各层混凝土的浇筑工作不应间断，由前层混凝土浇筑后，到浇筑次层混凝土时的间歇时间应尽量缩短，其最大间歇时间应根据水泥的凝结时间、水灰比以及混凝土的硬化条件等决定。

(4) 腹板底部为扩大T形梁，应先浇筑扩大部分并振实后再浇筑其上部腹板。

(5) U形梁或拱肋，可上下一次浇筑或分二次浇筑，一次浇筑时，应先浇筑底板（同时腹板部位浇筑至底板承托顶面），待底板混凝土稍沉实后再浇筑腹板。分二次浇筑时，先浇筑底板至底板承托顶面，按施工缝处理后，再浇筑腹板混凝土。

(6) 梁、板构件浇筑完毕后，应标明型号、制作日期和上下方向。梁、板混凝土的养生：

1) 一般养生要求：

① 梁、板混凝土浇筑完毕，应在收浆后尽快覆盖和洒水养护，覆盖时不得损伤或污染混凝土的表面；混凝土面有模板覆盖时，应在养护期内经常使模板保持湿润。

② 混凝土洒水养护时间，一般为7d，可根据空气湿度、温度、水泥品种及所用外掺剂等情况，酌情延长或缩短。

③ 混凝土强度达到2.5MPa前，不得使其承受行人、运输工具、模板、支架及脚手架等荷载。

2) 蒸汽养护混凝土要求：

① 用硅酸盐水泥或普通水泥拌制的混凝土，其配制标号应比正常养护时适当提高；用快硬水泥拌制的混凝土不得使用蒸汽养护。

② 混凝土浇筑完毕后，应在养护棚内静放后再加温，静放时间：塑性的为2~4h，干硬性的为1h，掺有缓凝型外加剂的为4~6h；静放环境温度不宜低于10℃。

③ 当采用蒸汽养护时，整体灌注的结构，混凝土的升温速度应符合规定。

④ 恒温温度：硅酸盐水泥、普通水泥拌制的混凝土不宜超过60℃，其他类别水泥拌制的混凝土不宜超过80℃。恒温时间宜通过试验确定。

⑤ 降温速度：不宜超过10℃/h。

⑥ 构件出池或撤除保温设施时，表面温度与环境温度之差不宜大于20℃。

⑦ 用蒸汽养护表面光滑的构件时，构件表面应加以覆盖，以防蒸汽凝结水浸洗。

⑧ 冬季混凝土施工用蒸汽养护时，除按本款规定外，还应按冬期施工中有

关规定办理。

⑨ 应及时填写蒸汽养护检查记录。

四、工程量计算

板中配有受力钢筋和分布钢筋确定：

1. 受力钢筋

受力钢筋沿板的跨度方向在受拉区配置，承受荷载作用下产生的拉力。

① 受力钢筋的直径。应经计算确定，一般为 6~12mm。

② 受力钢筋的间距。当板厚 $h \leqslant 150mm$，不应大于 200mm；当板厚 $h >$ 150mm，不应大于 $1.5h$，且不应大于 250mm。为了保证施工质量，钢筋间距也不宜小于 70mm。当板中受力钢筋需要弯起时，其弯起角度不宜小于 30°。

2. 分布钢筋

分布钢筋布置在受力钢筋的内侧，与受力钢筋垂直相交处用细铁丝绑扎或焊接。其作用是固定受力钢筋的位置并将板上荷载分散到受力钢筋上，同时也能防止因混凝土的收缩和温度变化等原因，引起在垂直于受力钢筋方向产生的裂缝。

（1）分布钢筋的数量。板中单位长度上的分布钢筋，其截面面积不应小于单位宽度上受力钢筋截面面积的 15% 且不宜小于该方向板截面面积的 0.15%，其间距不应大于 250mm。

（2）分布钢筋的直径。不宜小于 6mm。钢筋混凝土板内一般不配置箍筋。实际经验表明，板内剪力很小，不需依靠箍筋来抗剪，同时板厚较小也难以设置箍筋。

板的计算跨度 l_0 取以下两式中较小值：

$$l_0 = l_n + 1/2h \qquad l_0 = l_n + 1/2a$$

式中　　l_n——板的净跨（m）；

　　　　h——板的厚度（m）；

　　　　a——板在砖砌体中的支承长度（m）。

五、工业隧道中部分分项的解释

项目编码：070108002；项目名称：隧道壁板。

项目特征：①隧道断面净空尺寸；②混凝土种类和强度等级。

计量单位：m³。

工程量计算规则：按设计图示尺寸以体积计算。

工程内容：①模板及支架（撑）制作、安装、拆除、堆放、运输及清理内模杂物、刷隔离剂等；②混凝土制作、运输、浇筑、振捣、养护。

（1）项目名称

隧道壁板：主要是对建筑起围护、固定作用。

（2）项目特征

混凝土强度等级、石料最大粒径：混凝土强度等级一般不应低于 C20，石料最大粒径：混凝土用的水泥强度等级不应低于 32.5MPa，水泥用量不应少于 370kg/m³，水灰比应小于 0.6，坍落度应为 200±20mm。石子粒径不宜大于导管直径的 1/8，采用碎石时用量应不小于 400kg/m³。

（3）工程量计算规则

混凝土边墙衬砌工程量：按不同混凝土边墙衬砌厚度、模板材料，以混凝土边墙衬砌的体积计算，计量单位：10m³。

边墙衬砌体积：可按图示边墙断面尺寸加允许超挖量 0.1m 计算。

第七节　沟道（槽）
（编码：070109）

一、名词解释

混凝土沟道：由现浇混凝土或预制混凝土衬砌的沟道称混凝土沟道。

二、工程内容

混凝土浇筑、养生：混凝土浇筑过程包括混凝土配料、搅拌、运输、上料和振捣等过程。其中配料必须按设计的施工配合比进行，搅拌时间必须达到混凝土充分混合的要求。混凝土输送泵是目前运输和上料效率最高的设备，也是快速衬砌工艺中的主要设备之一。洞室衬砌包括侧墙、拱部和底板三部分，它们的浇筑顺序与开挖方案有关，有先墙后拱法、先拱后墙法、墙拱一次施工法等。洞室底板一般在最后进行浇筑，当设计要求底板必须与侧墙整体浇筑时，则先浇筑底板。洞室衬砌的纵向分段，可随开挖作业由外向内逐段浇筑，也可待开挖作业基本结束后，由内向两端逐段进行衬砌。底板浇筑一般由内向外逐步进行，边浇筑，边捣固，边抹平。浇筑侧墙混凝土时，要两侧混凝土保持对称地均匀上升，以免模板受力不均匀而倾斜或移动。

混凝土的养护：为了给混凝土创造适宜的硬化条件，防止其发生不正常的干缩，混凝土浇筑拆模后必须进行养护。混凝土的养护，除保证混凝土在凝结硬化期间有足够的湿度和适宜的温度外，还应保证混凝土在强度未达到 1.2MPa 时，不得受撞击和振动，以免产生开裂和掉角。养护方法有喷水自然养护、蒸汽养护和薄膜养护。地下建筑施工中常用的是喷水自然养护。在混凝土浇筑完毕后 12h，即开始进行喷水养护；干硬性混凝土或夏季高温时的洞外工程，应于混凝土浇筑完毕后立即覆盖，并加强喷水养护。对养护用水的要求与搅拌用水相同。喷水养护时间根据工程地段、气温情况和水泥品种等条件确定。用普通水泥时，洞室内部不得少于 7d，颈部不少于 10d，口部不少于 20d。用火山灰质水泥、矿渣水泥或掺外加剂时，洞室内不少于 14d。对于有抗渗要求的混凝土不得少于 14d。每天喷水次数以能保证混凝土具有足够的湿润状态为度。

三、沟道（槽）中部分分项的解释

项目编码：070109003；项目名称：沟道（槽）盖板。

项目特征：①单块盖板尺寸；②砂浆或细石混凝土强度等级；③混凝土种类；④混凝土强度等级。

计量单位：m³。

工程量计算规则：按设计图示尺寸以体积计算，不扣除空洞件所占体积。

工程内容：①混凝土制作、运输、浇筑、振捣、养护；②构件制作、运输；③构件安装；④砂浆制作、运输；⑤接头灌缝、养护。

（1）名词解释

天沟板：天沟是屋面上的排水沟，位于檐口部位时又称为檐沟，当屋面采用檐沟排水方案时，通常用专用的槽形板做成天沟，矩形天沟一般用钢筋混凝土现浇或预制而成，天沟板的净宽不小于 200mm，沟底沿长度方向坡度为 0.5%～1%。其在结构图中代号为 TGB，常见形状为 L 形，为预制天沟所用的钢筋混凝土槽板，其工程量可查阅标准图集。

地沟盖板：地沟上一般设有盖板，盖板表面应与地面标高相平，盖板应根据作用于其上的荷载确定选用品种。一般多采用预制钢筋混凝土盖板，也有用铸铁的。盖板有固定盖板和活动盖板两种。

由于生产工艺的需要，厂房内有各种管道缆线（如电缆、采暖、压缩空气、蒸汽管道等）需设在地沟中。地沟由沟壁、底板和盖板组成。地沟上的盖板表面应与地面标高持平。多采用预制钢筋混凝土盖板。盖板有固定盖板和活动盖板两种。如图 1-67 所示。

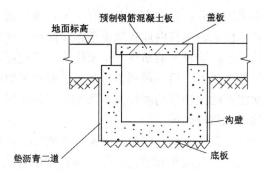

图 1-67　地沟

井盖板：室外检查井所用的预制钢筋混凝土盖板。

井圈：是检查井的上表面部分，是一种环形的预制构件图，用以支撑井盖。

井盖：室外检查井的组成部分，是一种用于检查井口围护的环形的预制的构件板，用以放在构件圈上。

（2）项目特征

其释义见项目编码 070109003 项目特征相关释义。

（3）工程内容

其释义见项目编码 070109003 工程内容相关释义。

第八节　输送栈桥
（编码：070111）

一、名词解释

压型钢板：由厚度 0.8～1.6mm 的薄钢板经冲压加工而成的瓦楞状产品。可用合金化镀锌板、塑料涂层钢板和铝合金板为原板。它是一种重量轻（10.5～

20.9kg/m²）[1kg/m²＝9.80665Pa（国际单位制单位）]、强度高、美观、抗震性能好的新型建材。可以用作屋面板、墙板和楼板。可以与保温防水材料复合使用。我国生产的 U－200 型压型钢板为三波型，波高 70mm，波距 200mm，总宽 648mm，有效宽度 600mm，可按用户需要的长度加工。可根据不同用途选择不同厚度的板材。

二、项目特征

复合墙板：由不同材料分层复合而成的一种预制墙板。是大型墙板的一种，主要用于外墙和分户墙体，有承重与非承重之分。一般分三层，所以又称"夹心墙板"。其中间为保温、隔音层（常用矿棉、加气混凝土、空心砖等轻质材料）；内层为内饰面层（常用石膏板等）；外层为防水和外装饰层（常用铝板、石棉水泥板等）。墙板的承重层可设在外侧或内侧（常用混凝土）。单纯承重的结构复合墙板，靠面层承重；心层的作用在于增加板的刚度，只承担剪应力。优点是合理利用不同材料功能，因而自身重量轻、功能好、造价低。但板的厚度较大，使建筑物的结构面积也较大。

三、工程内容

墙板的运输一般采用立放，运输车上有特制支架，墙板侧立倾斜放置在支架上。运输车有外挂式墙板运输车和内插式墙板运输车两种。前一种是将墙板靠放在车架两侧，用花篮螺丝将墙板上的吊环与车架拴牢，其优点是起吊高度低，装卸方便，有利于保护外饰面等。后一种则是将墙板插放在车架内，利用车架顶部丝杆或木楔将墙板固定，此法起吊高度较高，采用丝杠顶压固定墙板时，易将外饰面挤坏，只可运输小规格的墙板。

大型墙板的堆放方法有插放法和靠放法两种。插放法是将墙板插在插放架上拴牢，如图 1-68。堆放时不受墙板规格的限制，可以按吊装顺序堆放，其优点是便于查找板号，但需占用较大场地。靠放法是将不同型号的墙板靠放在靠放架上（图 1-69），其优点是占用场地少，费用省。

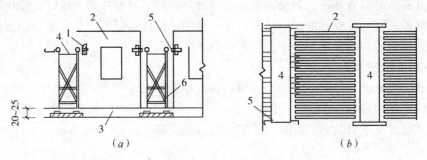

图 1-68 插放架示意图

(a) 立面图；(b) 平面图

1—木楔；2—墙板；3—干砂；4—铺板；5—活动横档；6—梯子

金属结构的制作：设备金属结构的制作，一般是在现场加工厂进行；或者由承担设备安装工程任务的单位所属的金属结构厂完成，由厂制作完后再运到安装现场进行安装。

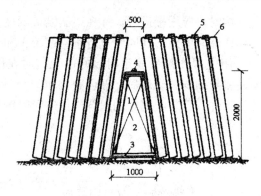

图 1-69　靠放架示意图

1—斜撑；2—拉杆；3—下档；4—吊钩；5—隔木；6—墙板

制作生产程序：一般包括钢材堆放仓库设置、平台放样、平直加工、半成品仓库、装配铆焊、油漆和建立成品堆放库等一系列管理工作。

钢材堆放仓库设置：金属结构所用的钢材主要是型钢、钢板与管材，这些材料应整齐按品种规格分类放置，由专人管理，建立入库及出库账目。

平台放样：根据制作详图要求，在平台上画线放样。对加工件的几何尺寸，通过放样，还可以进行校正。放样后，可进行下料工作。

平直加工：钢材在运输、装卸或堆放过程中，常常出现皱曲变形或局部凹凸等缺陷，型钢则出现弯曲或者在切割、冷热加工焊接后发生变形，这些都需要进行平直工作。

钢板的平直：可采用手工平直和机械平直办法。手工平直方法是将钢板在常温或加热情况下，在平台上用大锤或平锤进行敲击，以消除钢板的不平度。机械平直方法是利用辊平机进行辊平。

型钢平直：可以利用压力机进行平直；小规格的型钢可以用人工锤打平直。

加工是指对钢材按图纸进行切割、坡口，利用胎具煨制成各种形状的构件。

半成品仓库：平直加工后的半成品（零件），往往是分属于几个工程使用，构件的半成品数量很多，因此，要分类堆放，按编号登记，避免杂乱和出错，待装配铆焊时再运出仓库使用。

装配铆焊：对加工的半成品件，在平台上进行铆焊组合，有的是直接制成单件，如漏斗、机架、桁架结构等，有的则是设备上的连接件，可直接安装。

安装：即金属结构构件在工厂拼装连接好后，运至施工现场，无需现场拼装工序，即进行构件加固、绑扎、翻身起吊、吊装校正、焊接或螺栓固定一系列工序直至稳定。

钢屋架安装：钢屋架的绑扎应在节点上或靠近节点。翻身或立直屋架时，吊索与水平线的夹角不宜小于 60°，吊装时不宜小于 45°。绑扎各吊索合力点须在屋架重心之上，以防屋架吊起后会倾翻。

屋架起吊前，应在屋架上弦自中央向两边分别弹出天窗架、屋面板的安装位置线和屋架的中线。单机吊装将屋架吊离地面 50cm 左右，使屋架中心对准安装位置中心，然后徐徐升钩，将屋架吊至柱顶以上，再用溜绳旋转屋架使其对准柱顶，以便落钩就位；落钩时，应缓慢进行，并在屋架刚接触柱顶时即刹车进行对线工作，对好线后，即作临时固定，并同时进行垂直度校正和最后固定工作。最后固定用锚栓或电焊，用电焊作最后固定时，应避免同时在屋架两端同一侧施焊，以免因焊缝收缩使屋架倾斜。施焊后，即可脱钩。

油漆：对合格的加工件、已装配完好的组合构件进行除锈和油漆，完成最后一道工序。

第九节　井　类
（编码：070112）

一、名词解释

井：为了保证排水系统的正常工作，在排水管渠系统上设置的一些必要的附属构筑物。用混凝土浇筑而成的井。

二、项目特征

井类的项目特征主要有：井类型、规格尺寸；混凝土强度等级；垫层厚度、材料品种；混凝土种类；砂浆强度等级、配合比；防潮层材料种类等。

1. 井形状、类型

井的平面形状一般为圆形，大型检查井也有矩形和扇形。检查井由井身、井基、井底、井盖座及井盖组成。圆形检查井的构造如图1-70所示。井基一般用碎石、卵石、碎砖夯实或由混凝土浇筑而成。井底部一般采用弧形流槽连接上、下游管道。污水检查井流槽顶可与0.85倍大管管径处相平。雨水（合流）检查井流槽可与0.5倍大管管径处相平。井壁与沟槽间的面积称为井台，是维护人员操作时站立的地方，其宽度一般不应小于200mm，井台应有0.02~0.03坡度坡向流槽，以防检查井积水时淤积沉泥。在管渠转弯和几条管渠交汇处，为使水流通畅，流槽中心的弯曲半径应按转弯的角度及管径的大小确定，并不得小于大管的管径。检查井底各种流槽的形式如图1-71所示。

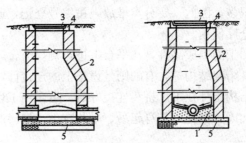

图1-70　检查井构造图

1—井底；2—井身；3—井盖；4—井盖座；5—井基

2. 井身材料

井身材料采用砖石、混凝土或钢筋混凝土建造。需要下人的较深检查井，在井身上部设偏心锥形渐缩段，渐缩部分高度一般为0.6~0.8m，以节省材料。在井身上须设爬梯。

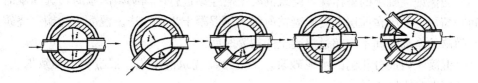

图 1-71　检查井底部流槽的形式

井的井口和井盖形状为圆形，一般用铸铁制造，也有用钢筋混凝土制做的。井的深度取决于井内下游管道的埋设深度。井尺寸的大小，应按管道埋深、管径和操作要求来选定，详见《给排水标准图集》S231、S232、S233。

三、工程量计算规则

按设计图示数量计算。

四、工程内容

井类的工程内容主要有：土方挖、填、运；铺设垫层；模板及支架（撑）制作、安装、拆除、堆放、运输及清理模内杂物、刷隔离剂等；混凝土制作、运输、浇筑、振捣、养护等。

为了防止井渗漏影响建筑物基础以及清通时操作方便，要求井中心至建筑物外墙的距离应不小于 3m。接入井的支管数量不宜超过 3 条。

为了便于对排水管渠进行检查和清通，在管渠上必须设井。井应设置在排水管道的交汇处、转弯处和管径、坡度及高程变化处以及直线管段上每隔一定距离处。井在直线管段上的最大间距应符合相关规定。相邻两个井之间的管段应在一直线上。

1. 混凝土浇筑

（1）混凝土浇筑的一般规定：在混凝土浇筑前，应检查模板的标高、位置、尺寸、强度和刚度是否符合要求；检查钢筋和预埋件的位置、数量和保护层厚度，并将检查结果填入隐蔽工程记录表；清除模板内的杂物和钢筋的油污；对模板的缝隙和孔洞应予堵严；对木模板应用清水湿润，但不得有积水。

在地基或基土上浇筑混凝土时，应清除淤泥和杂物，并应有排水和防水措施。对干燥的非黏性土，应用水湿润；对未风化的岩土，应用水清洗，但表面不得留有积水。

在降雨雪时，不宜露天浇筑混凝土。

混凝土的浇筑，应由低处往高处分层浇筑。每层的厚度应根据捣实方法、结构的配筋情况等因素确定。在浇筑竖向结构混凝土前，应先在底中填以 50～100mm 厚与混凝土内砂浆成分相同的水泥砂浆；浇筑中不得发生离析现象；当浇筑高度超过 3m 时，应采用串筒、溜管或振动溜管使混凝土下落。

在混凝土浇筑过程中应经常观察模板、支架、钢筋、预埋件、预留孔洞的情况，当发现有变形、移位时，应及时采取措施进行处理。

混凝土浇筑后，必须保证混凝土均匀密实，充满整个模板空间，新旧混凝土结合良好；拆模后，混凝土表面平整光洁。

为保证混凝土的整体性，浇筑混凝土应连续进行。当必须间歇时，其间歇时间宜缩短，并应在前层混凝土凝结前将次层混凝土浇筑完毕。混凝土运输、浇筑及间歇的全部时间不应超过混凝土的初凝时间。

混凝土内成分相同的水泥砂浆，即可继续浇筑混凝土。混凝土应细致捣实，使新旧混凝土紧密结合。

（2）大体积混凝土结构浇筑：凡属建筑工程大体积混凝土，都有一些共同特点：结构厚实，混凝土量大，工程条件复杂，钢筋分布集中，整体性要求高，一般都要求连续浇筑，不留施工缝。另外，大体积混凝土结构在浇筑后，水泥的水化热量大，而由于体积大，水化热聚积在内部不易散发，浇筑初期混凝土内部温度显著升高，而表面散热较快，这样形成较大的内外温差，混凝土内部产生压应力，而表面产生拉应力，如温差过大则易于在混凝土表面产生裂缝。在浇筑后期，当混凝土内部逐渐散热冷却产生收缩时，由于受到基底或已浇筑的混凝土的约束，接触处将产生很大的内应力，在混凝土正截面形成拉应力，当拉应力超过混凝土当时龄期的极限抗拉强度时，便会产生裂缝，甚至贯穿整个混凝土断面，由此带来严重的危害。在大体积混凝土结构的浇筑中，应采取相应的措施，尽可能减少温度变化引起的裂缝，从而提高混凝土的抗渗、抗裂、抗侵蚀性能，以提高建筑结构的耐久年限。

要防止大体积混凝土结构浇筑后产生裂缝，就要降低混凝土的温度应力，这就必须减少浇筑后混凝土的内外温差。为此就应优先选用水化热低的水泥，在满足设计强度要求的前提下，尽可能减少水泥用量，掺入适量的粉煤灰（粉煤灰的掺量一般以 15%～25% 为宜），降低浇筑速度和减小浇筑层厚度，浇筑后宜进行测温，采取蓄水法或覆盖法进行降温或进行人工降温措施。控制内外温差不超过 25℃，必要时经过计算和取得设计单位同意后可留施工缝且分层分段浇筑。

大体积混凝土结构的浇筑方案，可分为全面全层、分段分层和斜面分层三种（图 1-72）。全面分层法要求的混凝土浇筑强度较大，斜面分层法混凝土浇筑强度较小。施工中可根据结构物的具体尺寸、捣实方法和混凝土供应能力，认真选择浇筑方案。目前应用较多的是斜面分层法。

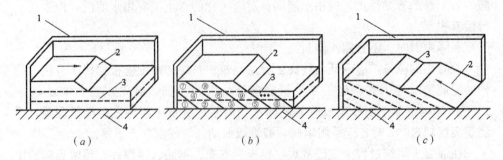

图 1-72　大体积混凝土浇筑方案

(a) 全面分层；(b) 分段分层；(c) 斜面分层

1—模板；2—新浇筑的混凝土；3—已浇筑的混凝土；4—素土夯实

①～⑩—混凝土浇筑顺序

2. 混凝土的养护

混凝土中水泥的水化作用过程，就是混凝土凝固、硬化和强度发育的过程。它与周围环境的温度、湿度有着密切的关系。当温度低于 15℃ 时，混凝土的硬化速度减慢，而当温度降至 −2℃ 以下时，硬化基本上停止。在干燥的气候下，混凝土中的水分迅速蒸发，一方面使混凝土表面剧烈收缩而导致裂缝，另一方面当游离水分全部蒸发后，水泥水化作用也就停止，混凝土即停止硬化。因此，混凝土浇筑后即需进行适当的养护，以保持混凝土硬化发育所需要的温度和湿度。

目前在桥梁施工中采用最多的是在自然气温条件下（5℃ 以上）的自然养护方法。此法是在混凝土终凝后，在构件上覆盖草袋、麻袋、稻草或砂子，经常洒水，以保持构件经常处于湿润状态。

自然养护法的养护时间与水泥品种和是否掺用塑化剂有关。一般情况下，用普通硅酸盐水泥的混凝土为 7 昼夜以上；用矿碴水泥、火山灰质水泥或掺用塑化剂的为 14 昼夜以上。每天浇水的次数，以能使混凝土保持充分潮湿为度。在一般气候条件下，当温度高于 15℃ 时，头三天内白天每隔 1～2h 浇水一次，夜间至少浇水 2～4 次，在以后的养护期间内可酌情减少。

在干燥的气候条件下，或在大风天气中，应适当增加浇水的次数。自然养护法比较经济，但混凝土强度增长较慢、模板占用时间也长，特别在低温下（5℃ 以下）不能采用。

为了加速模板周转和施工进度，可采用蒸汽法养护混凝土。混凝土经过养护，当强度达到设计强度的 25%～50% 时，即可拆除梁的侧模；达到设计吊装强度并不低于设计强度等级的 70% 时，就可起吊主梁。

混凝土的冬期施工要点：当昼夜平均气温低于 5℃，或最低气温低于 −3℃ 时，就必须采取冬期施工的技术措施。

冬期施工的技术措施，主要有以下几方面：

1）在保证混凝土必要和易性的同时，尽量减少用水量，采用较小的水灰比，这样可以大大促进混凝土的凝固速度，有利于抵抗混凝土的早期冻结。

2）增加拌和时间，比正常情况下增加 50%～100%，使水泥的水化作用加快，并使水泥的发热量增加以加速凝固。

3）适当采用活性较大、发热量较高的快硬水泥、高强度等级水泥拌制混凝土。

4）将拌和水甚至亦将骨料加热，提高混凝土的初始温度，使混凝土的养护措施开始前不致冰冻。

5）掺用早强剂，加速混凝土强度的发展，并降低混凝土内水溶液的冰点，防止混凝土早期冻结。目前常用的早强剂有含三乙醇胺的硫酸钠复合剂和亚硝酸钠复合剂两种。

6）用蒸汽养护法、暖棚法、蓄热法和电热法等提高养护温度。

以上各项措施，各有特点和利弊，可根据施工期间的气温和预制场（厂）的具体条件来选定。

7）厚大体积混凝土养护，在炎热气候条件下，应采取降温措施。

第二章 砌体构筑物工程

第一节 烟 囱
（编码：070201）

一、名词解释

烟囱：是工业与民用建筑中常见的一种高耸构筑物，由基础、筒壁、内衬隔热层以及附属设施（爬梯、避雷设备、信号灯平台、休息平台、检修平台等）组成。

砖烟囱：由基础、筒身、内衬及隔热层、附属设施（爬梯、信号灯平台、避雷设施）等组成，如图 2-1 所示。

基础：基础的构造在平面上多采用圆形，如图 2-2 所示。在地质条件较好、承载力高，烟道不通过基础时，也可采用环形基础，如图 2-3 所示。

烟囱基础一般采用钢筋混凝土结构。其底板内配有辐射形及环形钢筋或焊接钢筋网片，杯口部分配有垂直钢筋和水平钢筋。烟道在地面以上且为高度较低的砖烟囱，可采用混凝土或块石砌筑的基础。基础回填后，在地面处应用低强度等级混凝土做排水护坡，坡度 2‰～3‰。排水坡的宽度应大于基础底板的外径。

筒身：多采用圆锥形，筒身外表面的倾斜度一般为 2‰～3‰。有时在筒身下部的 3～8m 高度的一段，砌成圆柱形的筒座。筒身按高度分成若干段，每段的高度一般为 10m 左右，并由下而上逐段减薄。

筒身内部砌有支承内衬的牛腿（悬臂），以台阶形式向内挑出，其上砌筑烟囱内衬。挑出的宽度和挑出部分的台阶高度如图 2-4 所示。

筒座和筒首亦应以台阶形式向内挑出。挑出部分的上表面，须用水泥砂浆抹成 45°～60°的排水坡。

当筒身内表面温度超过 100℃时，筒身砌体由于内外温差而产生拉应力。为了分担这部分拉应力，

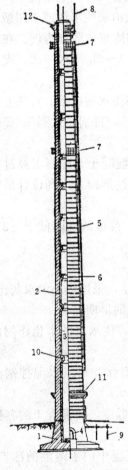

图 2-1 砖烟囱剖、立面图

1—基础；2—筒身；3—内衬；
4—烟道口；5—外爬梯；6—紧箍圈；7—信号灯平台；8—避雷针；
9—接地板；10—内衬悬臂；
11—筒座悬臂；12—筒道悬臂

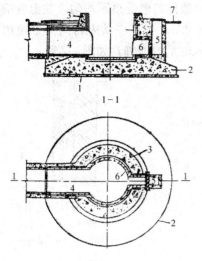

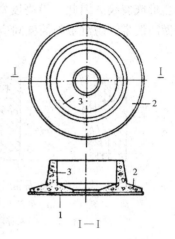

图 2-2　烟囱圆板基础图

1—垫层；2—底板；3—杯口；4—烟道口；

5—人孔；6—内衬；7—排水坡

图 2-3　环形基础图

1—垫层；2—底板；3—杯口

在筒身外部需设紧箍圈。紧箍圈的间距，应根据温度应力的大小而不同，一般为 0.5（筒身下部）～1.5m（筒身上部）。紧箍圈应由两个或两个以上的扣环和套环，用螺栓连接而成，如图 2-5 所示。每根扣环的最大长度应不超过 5m。扣环的厚度一般为 6～9mm，宽度为 60～100mm。

内衬及隔热层：为了降低筒身内外温差，减少温度应力和防止侵蚀性气体的侵蚀，大部分烟囱的筒身和烟道内需砌筑内衬，设置隔热层。内衬材料常用普通黏土砖和黏土质耐火砖等。隔热材料常用高炉水渣、矿渣棉、膨胀蛭石等；也可不填材料，做空气隔热层。

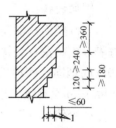

图 2-4　烟囱牛腿
挑出尺寸

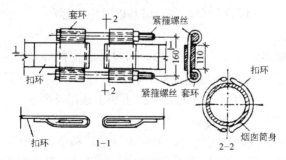

图 2-5　紧箍圈

内衬应分段砌筑在牛腿上。烟囱底部的一段内衬可直接砌在基础底板上，两段内衬之间的搭接长度，不宜大于六层砖。为使内衬受热后自由膨胀，在搭接处应留出宽为 10mm 的温度缝，如图 2-6 所示。

内衬与筒身之间，空气隔热层厚度一般为 50mm。若以高炉水渣、蛭石、矿渣棉等做隔热层时，其厚度应为 80～200mm。由于松散材料长期使用后，体积可能压缩，在内衬与筒壁间局部会有空隙，致使筒壁受热不均匀，在温度应力作用下会形成裂纹。因此，沿高度每隔 1.5～2.5m 处，应从内衬向筒壁挑出一圈砌体做防沉带。防沉带与筒壁间应留出 10mm 的温度缝，如图 2-7 所示。

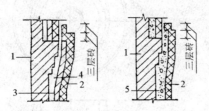 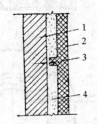

图 2-6　烟囱内衬和隔热层构造图　　　　图 2-7　内衬防沉带图
　　1—筒身；2—内衬；3—硅藻土砖隔热层；　　　　1—筒身；2—内衬；
　　4—空气隔热层；5—散粒体隔热层　　　　　　3—防沉带；4—隔热层

内衬砌筑时，常用下列砂浆或泥浆，普通黏土砖内衬当废气温度在 400℃ 以下时，可用 M2.5 混合砂浆砌筑；当废气温度在 400℃ 以上时，可在黏土砂浆砌筑。黏土耐火砖内衬可用耐火泥浆砌筑。

附属设备：

(1) 爬梯：烟囱的爬梯是用 φ19～φ25 的圆钢弯成的。从地面 2.5m 处开始，每隔五皮砖左右交错或并列埋置一个。顶部比筒高出 800～1000mm。高度超过 50m 的烟囱，离地面 10～15m 以上的爬梯外面设有金属围栏。有些烟囱爬梯上每隔 10m 设有休息板。

(2) 信号灯平台：为了保证飞机夜间航行安全，高度 50m 以上的烟囱，其顶部以下 5m 处和筒身中部设有信号平台。在信号平台的围栏立柱上，沿筒身周围互成 90°角的四个方向，或互成 120°角的三个方向设置信号灯。

(3) 避雷装置：包括避雷针、导线、接地线等。避雷针的尖端一般高出烟囱 1.8m。导线沿爬梯导至地下，埋入土中 0.5m 与接地板连接。接地板沿烟囱基础周围成环状，每隔 5m 设置一根，在回填基础时埋设好。

二、项目特征

筒身高度：烟囱筒身多采用圆锥形，筒身外表面的倾斜度一般为 2%～3%。有时在筒身下部的 3～8m 高度的一段，砌成圆柱形的筒座。筒身按高度分成若干段，每段的高度一般为 10m 左右，并由下而上逐段减薄。

1. 砖品种、规格、强度等级

砖的种类很多，按制作工艺分，可分为烧结砖和蒸养（压）砖两种；按成分分有黏土砖、粉煤灰砖、煤矸石砖、页岩砖、灰砂砖、炉渣砖等几种；按有无穿孔又可分为实心砖与空心砖两类。现将各类常用砖介绍如下。

(1) 烧结砖：凡通过焙烧而制得的砖，称为烧结砖。目前大量生产和应用的烧结砖是黏土砖。

(2) 烧结黏土砖：在我国已有两千多年的历史，现仍年产约 3000 亿块。另外还有用工业废渣——煤矸石、粉煤灰等烧制的砖。由于砖混建筑造价便宜，建筑功能又较好，故可预见，在今后相当长的时间内，黏土砖仍然是主要的墙体材料，但需进行改革提高，使之向空心、高强、多品种的方向发展。

1）黏土砖：黏土砖是以黏土为主要原料，经搅拌、制坯、干燥、焙烧而成。黏土砖的主要品种有普通黏土砖与黏土空心砖等。

① 原料黏土

a. 黏土的成分与种类：

黏土是由天然岩石经长期风化而成，为多种矿物的混合体，主要成分是高岭石（$Al_2O_3 \cdot 2SiO_2 \cdot 2H_2O$），另外含有石英砂、云母、碳酸钙、碳酸镁、铁质矿物、碱及有机质等杂质矿物。杂质对黏土的可塑性和焙烧温度影响甚大。

黏土通常分为：

高岭土——亦称瓷土，为高纯度黏土，烧成后呈白色，主要用于制造瓷器。

陶土——亦称微晶高岭土，较纯净，烧成后略呈淡灰色，主要用于制造陶器。

砂质黏土——含有大量细砂、尘土、有机物、铁化物等，是制造普通砖瓦的原料。

耐火黏土——亦称火泥，是一种能耐 1580℃ 以上高温的黏土，用作制造耐火砖。

b. 黏土的性质：

a）可塑性：黏土加适量水调和后，具有良好的塑性，能塑制成各种形状的坯体，而不发生裂纹，此为黏土制品所必备的一种重要性质。

b）收缩性：黏土坯体在干燥和焙烧过程中，均会产生体积收缩，前者称干缩，后者称烧缩，干缩比烧缩大得多，一般总收缩为 8%～9%。

c）烧结性与可熔性：黏土坯体在焙烧过程中将发生一系列物理化学变化。在开始加热至 110～120℃ 时，黏土中游离水大量蒸发，当温度达 425～850℃ 范围内，高岭石等各黏土矿物结晶水脱出，并逐渐分解，剩下的碳素也全部燃尽，此时黏土的孔隙率达最大，成为不溶于水的多孔性物质，但强度很低。再继续升温至 900～1000℃ 时，黏土中的易熔成分开始熔化，出现玻璃体液相物，它流入不熔颗粒间的缝隙中，并将其黏结，使坯体孔隙率随之下降，体积收缩而变得密实，强度也相应增大，这一过程称为烧结。这时，若温度再升高，则坯体将软化变形，直至熔融。所以，烧土制品焙烧时多控制在烧至部分熔融，亦即烧结。

② 普通黏土砖

a. 生产工艺：

普通黏土砖的原料是以砂质黏土为主，其主要化学成分为二氧化硅（SiO_2）、氧化铝（Al_2O_3）及氧化铁（Fe_2O_3）等。生产工艺过程为：采土——配料调制——制坯——干燥——焙烧——成品。其中焙烧是主要环筛。

焙烧砖的窑有两种，一为连续式窑，如轮窑、隧道窑；一为间歇式窑，如土窑，目前多采用连续式窑生产，窑内分预热、焙烧、保温和冷却四带。轮窑为环形窑，分成若干窑室，砖坯码在其中不动，而焙烧各带沿着窑道轮回移动，周而复始地循环烧成。隧道窑为直线窑，砖坯从窑一端进入，经预热、焙烧、保温、冷却各带后，由另一端出窑，即为成品。

当砖窑中焙烧时为氧化气氛，则制得红砖，若砖坯在氧化气氛中烧成后，再在还原气氛中闷窑，促使砖内的红色高价氧化铁（Fe_2O_3）还原成青灰色低价氧化铁（FeO），即得青砖。

一般认为青砖较红砖结实，耐碱、耐久，但价格较红砖贵。青砖一般在土窑中烧成。焙烧砖时火候要适当，以免出现欠火砖和过火砖，前者色浅、声哑、强度低，耐久性差，后者色较深，声清脆，有弯曲等变形。

近年来，我国普遍采用了内燃烧砖法。即将煤渣、粉煤灰等可燃工业废料，掺入制坯黏土原料中，作为内燃料，当砖焙烧到一定温度时，内燃料在坯体内也进行燃烧，这样烧成的砖叫内燃砖。内燃砖比外燃砖节省了大量外投煤，节约原料黏土 5%～10%，强度提高 20% 左右，表观密度减小，导热系数降低，还处理了大量工业废渣。

b. 主要技术性质：

《烧结普通砖》GB 5101—2003 中，对普通黏土砖的形状、尺寸、强度等级、耐久性和外观检查等技术要求，均做了具体规定，并根据强度等级、耐久性及外观检查，将砖分为特等、一等、二等三个等级。砖的检验方法按标准《砌墙砖试验方法》GB/T 2542—2012 进行。

a）形状尺寸：普通黏土砖为矩形体，其标准尺寸为 240mm×115mm×53mm，加上砌筑灰缝 10mm，则 4 块砖长、8 块砖宽或 16 块砖厚均为 1m，$1m^3$ 砖砌体需用砖 512 块。

b）强度等级：普通黏土砖根据其抗压和抗折强度，分为 MU30、MU25、MU20、MU15、MU10 五个等级。

c）耐久性：普通黏土砖的耐久性对砖的质量影响很大，具体包括砖内的石灰爆裂点、泛霜现象、吸水率和抗冻性能等。

石灰爆裂与泛霜：当砖内夹有石灰时，待砖砌筑后，会因石灰吸水熟化产生体积膨胀而使砖开裂，使砌体强度降低，同时使砖砌体表面产生一层白色结晶，即为泛霜，有损砌体外观。

吸水率：普通黏土砖由于是原料黏土被部分烧结，故具有较多的孔隙，且多为开口孔，所以吸水性较好，一般吸水率为 8%～16%。砖的表观密度为 1800～1900kg/m^3。

砖的孔隙对砖的表观密度、机械强度、吸水性、透气性、抗渗、抗冻以及隔声、绝热等性能都有重要影响。

抗冻性：将砖吸水饱和后于 $-15℃$ 下冻结，再在 10～20℃ 水中融化，按规定方法反复 15 次冻融循环后，其重量损失不超过 2%，抗压强度降低值不超过 25%，即为抗冻性合格。我国南方冬季室外计算温度在 $-10℃$ 以上的地区，可不考虑抗冻性。

d）外观检查：普通黏土砖的外观检查包括尺寸偏差、弯曲、缺棱掉角、裂纹、颜色等，同时要求内部组织要均匀坚实。在出厂成品中，不允许夹有欠火砖、酥砖和螺旋纹砖。

c. 应用：

普通黏土砖既具有一定的强度，又因其多孔而具有一定的保温隔热性能，因此适宜于做建筑围护结构，现被大量用作墙体材料。

由于普通黏土砖具有较多的开口孔，且其中还有一定数量的较大孔隙，因而砖墙体具有较好的透气性（即呼吸性），墙内多余水分蒸发也较快，冬季室内墙面不会出现结露现象。普通砖的导热系数较小，一般为 $0.78W/（M·K）$，所以砖墙还具有良好的热稳定性。

普通黏土砖也可砌筑柱、拱、烟囱、沟道及基础等，也可用以预制振动砖墙板，或与轻质混凝土等隔热材料复合使用，砌成两面为砖、中间填以轻质材料的轻墙体。在砖砌体中配置适当的钢筋或钢丝网，可代替钢筋混凝土柱、过梁等。

③ 黏土空心砖

随着高层建筑日益发展，对普通黏土砖提出了减轻自重、减小墙厚、改善绝热和隔声等要求，因此发展产生了黏土空心砖。黏土空心砖分竖孔空心砖和水平孔空心砖两种，其原料和生产工艺与普通砖基本相同，所不同者，是对黏土原料的可塑性要求较高，生产时在挤泥机的出口内设有成孔芯头，以使在挤出的泥坯中形成孔洞。

a. 竖孔空心砖：

为大面有孔洞的砖，孔多而小，主要形状如图 2-8 所示，使用时孔洞垂直于承压面。

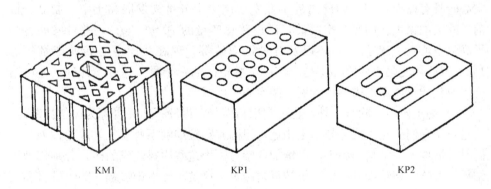

KM1   KP1   KP2

图 2-8 竖孔空心砖

竖孔空心砖孔洞率在 15％ 以上，表观密度一般为 $1400kg/m^3$ 左右，强度较高，通常用于砌筑承重墙，故又称承重空心砖。根据部颁标准《承重黏土空心砖》JC 196—75，其主要规格有三种：KM1-190mm × 190mm × 90mm，KP1-240mm×115mm×90mm，KP2-240mm×180mm×115mm。

承重黏土空心砖根据外观检查，分为一等、二等两个等级，根据抗压强度和抗折荷重分为 MU30、MU25、MU20、MU15、MU10 五个强度等级。在出厂成品中不允许混杂欠火砖和酥砖。

抗折荷重是由试验值根据不同规格进行换算而得，换算系数 KM1 为 1，KP1 为 2，KP2 为 0.6；空心砖强度等级不得低于 MU10。

将吸水饱和的空心砖，经 15 次冻融循环后，无明显分层、剥落现象，且强度不低于设计要求强度等级者，即为抗冻性合格。

我国承重黏土空心砖主要用来砌筑六层以下建筑物的承重墙。

b. 水平孔空心砖：

水平孔空心砖为顶面有孔洞泊砖，孔大而少，使用时孔洞平行于承压面。

水平孔空心砖孔洞率高，一般在 30% 以上，自重较轻，通常表观密度为 1100kg/m³ 左右，强度较低，其主要形状和规格如图 2-9 所示。

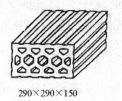
290×290×150
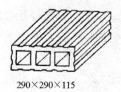
290×290×115

图 2-9 水平孔空心砖

水平孔空心砖多用于非承重墙，如用于多层建筑的内隔墙或框架结构的填充墙等。

生产和使用黏土空心砖，可节省黏土 20%～30%，节约燃料 10%～20%，且砖坯焙烧均匀，烧成率高。用黏土空心砖砌筑的墙体，比实心砖墙自重减轻 1/3 左右。工效提高 40%，造价降低近 20%，并可改善墙体热工性能。由于黏土空心砖具有以上优点，因此国外工业发达国家十分重视发展黏土空心制品。目前，欧美国家生产的黏土空心砖，已占砖总产量的 70%～90%，并且发展生产了高强空心砖、微孔空心砖以及各种饰面砖等。现在我国空心砖的产量只占 1%，因此，使黏土砖空心化是当前改革黏土砖的一个重要途径。此外，还可结合工业化建筑体系的需要，发展预制空心砖墙板等。

2）黏土质砖：除黏土外，也可利用粉煤灰、煤矸石和页岩等为原料烧制砖，这是由于它们的化学成分与黏土相近，但因其颗粒细度不及黏土，故塑性差，制砖时常需掺入一定量的黏土，以增加可塑性。用这些原料烧成的砖，分别称为烧结粉煤灰砖、烧结煤矸石砖、烧结页岩砖等。这类砖的生产过程，除煤矸石和页岩需经破碎、磨细、筛分外，其余工艺均与生产普通黏土砖相同，形状和尺寸规格亦同普通黏土砖。

① 烧结粉煤灰砖

此砖是以火力发电厂排出的粉煤灰为主要原料，再掺入适量黏土，一般二者体积比为 1:1～1:1.25。这种烧结砖的颜色处于淡红与深红之间，抗压强度有 10～15MPa，抗折强度为 3～4MPa，吸水率 20% 左右，表观密度 1480kg/m³，能经受 15 次冻融循环而不破坏。烧结粉煤灰砖可代替普通黏土砖，用于一般工业与民用建筑中。

② 烧结煤矸石砖

此砖是以煤矸石为原料，根据其含碳量和可塑性，进行适当配料，焙烧时基本不需外投煤。这种砖的颜色较普通砖略深，色均匀，声音清脆。抗压强度一般为 10～12MPa，抗折强度为 2.3～5MPa，表观密度 1500kg/m³ 左右，可用于工业与民用建筑工程。

烧结煤矸石砖也可做成小孔砖和空心砖，小孔砖规格与普通砖同，仅面（承受压力的面）上穿有若干小孔，孔洞率为 3%～5%。空心砖尺寸大一些，孔洞率 20% 左右。利用煤矸石和粉煤灰等工业废渣烧砖，不仅可以减少环境污染，节约大片良田黏土，而且可以节省大量燃料煤。显然，这是三废利用、变废为宝的有效途径。

③ 烧结页岩砖

此砖是以页岩为主要原料烧制而成。由于页岩粉磨细度不如黏土，故配料调制时所需水分较少，这有利于砖坯加速干燥，且制品体积收缩小。这种砖颜色与普通砖相似，亦可代替普通黏土砖应用于建筑工程。这些黏土质砖的外观质量、抗压和抗折强度、抗冻性能等检验方法，均按国家标准《砌墙砖试验方法》GB/T 2542—2012 进行。

3）火砖：此砖是用耐火原料经配料、冲压成型、焙烧而制得的一种能耐燃烧与高温的砖，通常耐火度在 1700℃ 左右。耐火砖因原料不同可分为黏土耐火砖、轻质黏土耐火砖、高铝砖、硅砖、半硅砖、镁砖等，其中以黏土耐火砖应用最多最广。

各种耐火砖均有多种形状，如直形砖、楔形砖、条形砖、平板砖、弧形砖等，而每种形状又有多种尺寸，因此耐火砖的规格相当复杂，一般均有部颁标准规格，设计时应按标准规格采用，如需异型规格尺寸，可另行订货加工。

各种耐火砖在高温下均有足够的强度，而且热膨胀系数小，又各自能抵抗不同气体和炉渣的侵蚀。如耐火黏土砖与高铝砖，对酸性炉渣和碱性炉渣均有抗蚀性；硅砖抗酸性炉渣侵蚀性强，而镁砖耐碱性炉渣侵蚀性强。耐火砖的物理机械性质见有关标准。

耐火砖主要用于建造各种工业窑炉，如砌筑炼铁炉、炼钢炉、炼焦炉、玻璃熔炉、水泥旋窑、蒸汽锅炉、各种热处理炉，加热炉等，以及其他高温窑炉的内衬。

应该指出不同品种的耐火砖不能混用。同时，在砌筑耐火砖时，应采用与耐火砖相同品种的耐火泥作胶结料。

4）蒸养（压）砖：属硅酸盐制品，是以石灰和含硅材料（砂子、粉煤灰、煤矸石、炉渣、页岩等）加水拌和，经成型、蒸养或蒸压而制得的砖，目前产品有灰砂砖、粉煤灰砖及炉渣砖等。它们的规格尺寸均同普通黏土砖。这类砖均为水硬性材料，即可在潮湿环境中使用，且强度还会有所提高。生产和应用这类砖，可以大量利用工业废渣，减少环境污染，而不需占用农田（据统计，每生产100 万块砖要损坏一亩农田），且可常年稳定生产，不受气候与季节影响，故蒸养（压）砖是我国当前发展砖生产的又一新途径。

① 灰砂砖：此砖是用石灰和天然砂，经混合搅拌、陈化（使生石灰充分熟化）、轮碾、加压成型、蒸压养护而制得的墙体材料。

② 粉煤灰砖：此砖是以粉煤灰和石灰为主要原料，掺加适量石膏和炉渣，加水混合拌成坯料，经陈化、轮碾、加压成型，再经常压或高压蒸汽养护而制成

的一种墙体材料。

根据部颁标准《粉煤灰砖》JC 239—2001 规定，粉煤灰砖按抗压和抗折强度，分为 MU20、MU15、MU10 和 MU7.5 四个强度等级，按尺寸和外观质量分为一等、二等两个等级。

粉煤灰砖的抗冻性要求：砖样经 15 次冻融循环后，其中条面（垂直于大面的较长侧面）上的破坏面积大于 $25cm^2$ 或顶面（垂直于大面的较短侧面）上的破坏面积大于 $20cm^2$ 的砖样，不得多于一块。

粉煤灰砖的使用范围如下：

a. 可用作一般工业与民用建筑的墙体和基础。

b. 在易受冻融和干湿交替作用的建筑部位必须使用一等砖。用于易受冻融作用的建筑部位时要进行抗冻性检验，并用水泥砂浆抹面或在建筑设计上采取其他适当措施，以提高建筑物的耐久性。

c. 用粉煤灰砖砌筑的建筑物，应适当增设圈梁及伸缩缝或采取其他措施，以避免或减少收缩裂缝的产生。

d. 长期受热高于 200℃，受冷热交替作用或有酸性侵蚀的建筑部位，不得使用粉煤灰砖。

③ 炉渣砖：此砖是以煤燃烧后的残渣为主要原料，配以一定数量的石灰和少量的石膏，加水经搅拌、陈化、轮碾、成型和蒸汽养护而制得的一种砌墙砖。

炉渣砖按其抗压和抗折强度分为 MU20、MU15、MU10，按外观检查分为一等和二等两个等级。

炉渣砖的抗冻性要求为：将吸水饱和的砖，经 15 次冻融循环后，单块砖的最大体积损失不超过 2%，或试件抗压强度平均值的降低不超过 25%，即为合格。

炉渣砖使用注意事项：

a. 由于蒸养炉渣砖的初期吸水速度较慢，故与砂浆的黏结性能差，在施工时应根据气候条件和砖的不同湿度，及时调整砂浆的稠度。此外，应注意控制砌筑速度，尤其雨期施工时，当砌筑至一定高度后，要有适当间隔时间，以避免由于砌体游动而影响施工质量。

b. 对经常受干湿交替及冻融作用的建筑部位（如勒脚、窗台、落水管等），最好使用高强度等级的炉渣砖，或采取水泥砂浆抹面等措施。

c. 防潮层以下的建筑部位，应采用 MU15 以上的炉渣砖；MU10 的炉渣砖最好用在防潮层以上。

2. 耐火砖品种、规格

（1）黏土质耐火砖：简称为黏土砖，含 Al_2O_3 30%～46%，SiC_2 50%～65%，碱金属与碱土金属氧化物 5%～7%。它是采用含 Al_2O_3 不小于 30% 的耐火黏土作原料，一部分预先烧成熟料，研碎作瘠性材料，其余一部分不预烧的软质黏土作黏结剂，便于成型，成型后在 1300～1400℃烧成。黏土砖属于弱酸性耐火材料，热稳定性较好，荷重软化开始温度在 1250～1300℃以上，软化开始和终了温度时间隔很大。黏土砖在工业上使用甚广，广泛用于砌筑陶瓷工业窑炉，温度在 1300℃。

耐火砖是用耐高温原料经配料、成型、干燥、焙烧而制成的一种能耐高温的砖材，通常耐火温度在 1700℃左右，形状有标普型砖和各种异形砖，规格比较复杂。

当废气温度高于 500℃时，用耐火黏土砖或耐热混凝土预制块砌筑；当废气温度低于 500℃时，用不低于 MU7.5 的红砖砌筑；当废气有较强的侵蚀性时，用抗侵蚀性的材料，如耐酸砖等砌筑。

（2）耐火泥浆品种：

普通泥浆：是由黏土、结合剂与水搅拌调和而成，且有一定的流动性与粘结性。在砌筑中可用作粘结料，在桩基施工时，调整泥浆的稠度，可用来作泥浆护壁。

高强泥浆：在筑炉工程中也叫高强耐火泥浆。耐火砖需要使用耐火泥浆来砌筑，耐火泥浆的耐火度、化学成分都应尽量与所用砖的耐火度、化学成分相同。耐火泥浆的颗粒组成必须与规定的灰缝相适应，最大颗粒不应大于砖缝的 30%。要求耐火泥浆具有良好的塑性和结合能力。耐火泥浆的主要作用是：

1）使砖牢固地粘结成耐冲击的砖墙。

2）调整砖面的扭曲，均匀地承受荷载。

3）使砌体成为气密性的，能防止漏气，并能防止炉渣等物由砖缝处侵入。

耐火泥浆具有重要的作用，使用不合适的耐火泥浆，就会产生砌缝开裂、砖的龟裂和剥落现象，不仅缩短炉龄期，还由于冷风的侵入造成热量损失，消耗燃料。耐火泥浆可分为加热后呈现黏结强度的热硬性泥浆和常温下硬化的气硬性泥浆。

泥浆的调配：耐火泥浆由粉状料和结合剂组成。耐火泥浆一般是用水进行调制的，调制泥浆时，必须称量准确，搅拌均匀、充分。泥渣调制好后，不能再任意加水或胶结料。

（3）工业窑炉砌筑，要求的砌体类别不同，泥浆的稠度和加水量也不同，因此应根据砌体类别通过试验确定泥浆稠度和加水量，同时检查泥浆的砌筑性能是否满足砌筑要求。耐火泥浆分成品和半成品两种，所谓成品耐火泥就是在生产厂家已将生熟料按比例配好，现场使用时只按标准加水搅拌均匀即可；半成品或非成品耐火泥是生料和熟料未掺合一起，现场使用时，按不同泥浆的配比充分混合，并按规定加水搅拌均匀即可。如黏土砖砌体，熟灰（熟料）60%～70%，生黏土灰（生料）30%～40%；硅砖砌体是在硅粉熟料中掺 15%～20%生黏土灰配制。灰浆的稠度（也称流动性），通常用标准圆锥体在灰浆内靠其自重沉入的深度来测定，用"cm"来表示，称为沉入度。

不同类砌体的稠度和加水量应按下列规定：

1）Ⅰ～Ⅱ类砌体应用稀泥浆，稀泥浆程度相当于 100g 圆锥体沉入度为 7～8cm，每 1m³ 的干料加 600kg 水。

2）Ⅲ类砌体应用半浓泥浆，同上测定标准沉入度为 4～6cm。

3）Ⅳ类砌体应用浓泥浆，相当于 100g 圆锥体沉入度为 3～4cm，每 1m³ 的干料加水 500kg。

3. 隔热材料种类

此类材料的品种较多，现将建筑上常用的绝热材料介绍如下。

（1）石棉绝热制品

1）石棉碳酸镁：轻质碳酸镁 85％与石棉纤维 15％混合拌匀呈松散粉末状即成，$\gamma_0 < 350 \text{kg/m}^3$，$\lambda = 0.07$，最高使用温度 350℃，为高效能绝热材料，供填充用，也可制作保温管壳。

2）石棉纸板：石棉纤维 65％，高岭土 30％和淀粉 5％，加水打浆造纸，经层叠、加压、干燥、剪切而成，厚度 5～50mm，$\gamma_0 = 200～600 \text{kg/m}^3$，最高使用温度 600℃，用于结构防火及热表面绝热。

（2）硅藻土绝热制品

微孔硅酸钙制品：按硅藻土 65％、石灰 35％、水（为前两种重量的 5.5～6.5 倍）、石棉和水玻璃 5％配料，再经拌和、成型、蒸压、烘干而成，$\gamma_0 = 250 \text{kg/m}^3$，$\lambda = 0.040$，$R_\text{压} \geqslant 0.5 \text{MPa}$，$R_\text{折} \geqslant 0.3 \text{MPa}$，最高使用温度 650℃，用于围护结构及管道保温，效果较水泥膨胀珍珠岩和水泥膨胀蛭石为好。

（3）矿物棉绝热制品

1）矿渣棉：将冶金矿渣（高炉矿渣、平炉矿渣等）用焦炭熔化或直接利用炉中流出的熔融物，用蒸汽喷射法或离心法制成的絮状物或细粒，$\gamma_0 = 114～130 \text{kg/m}^3$，$\lambda = 0.325～0.041$，最高使用温度 600℃，可作填充用，缺点是吸水性大，弹性小。

2）岩石棉：天然岩石（白云石、花岗石、玄武岩等）用焦炭（燃料）熔化后用喷射法或离心法制成，$\gamma_0 = 80～110 \text{kg/m}^3$，$\lambda = 0.041～0.050$，最高使用温度 700℃，应用情况与矿渣棉相同。

3）沥青矿物棉毡：按矿物棉（矿渣棉与岩石棉）100、沥青 3～7 配料，在矿物棉形成时，将熔融沥青喷射到棉纤维上经压制而成。$\gamma_0 = 135～160 \text{kg/m}^3$，$\lambda = 0.049～0.052$，$R_\text{折} = 0.1～0.15 \text{MPa}$，最高使用温度≤250℃，用于墙及屋顶的保温，冷藏库隔热。

（4）玻璃棉及玻璃纤维绝热制品

1）玻璃棉：用有碱玻璃或无碱玻璃制成玻璃块、玻璃球或玻璃棒，将玻璃原料熔化后，用滚拉制得连续长纤维，也可以用喷吹法或离心法制得短纤维。一般的 $\gamma_0 = 100～150 \text{kg/m}^3$；$\lambda = 0.035～0.058$。超细的（平均直径约 $4\mu\text{m}$）：γ_0 可小至 18kg/m³；$\lambda = 0.028～0.037$。$R_\text{拉} = 1000～3000 \text{MPa}$（直径 $18\mu\text{m}$），纤维愈细强度愈高。

最高使用温度：有碱的为 350℃，无碱的为 600℃。用于围护结构及管道保温，或用玻璃线、石棉线缝缀或用金属网包覆使用。

2）玻璃纤维制品：玻璃纤维加酚醛树脂 3％～8％，在玻璃纤维形成时，将树脂喷到纤维上经加压、干燥、缩聚而成，$\gamma_0 = 120～150 \text{kg/m}^3$。$\lambda = 0.035～0.041$，最高使用温度为 300℃，多制成板与管，用于围护结构及管道保温。

（5）陶瓷纤维绝热制品（包括高铝纤维、莫来石纤维等）

陶瓷纤维是以氧化硅、氧化铝为主要原料，经高温熔融，蒸汽（或压缩空气）喷吹或离心喷吹（或溶液纺丝法，再经烧结）制成的，$\gamma_0 = 140 \sim 150 \text{kg/m}^3$，$\lambda = 0.116 \sim 0.186$（$900 \sim 1300℃$时），$R_拉 = 2100 \text{MPa}$（平均直径 $2 \sim 4\mu\text{m}$）；最高使用温度 $1100 \sim 1350℃$，耐火度 $\geqslant 1770℃$，可加工成纸、绳、带、毯、毡等制品，供高温绝热吸声之用。

（6）膨胀珍珠岩及其绝热制品

1）膨胀珍珠岩：以珍珠岩、黑曜岩或松脂岩为原料，经破碎、预热、焙烧（$1180 \sim 1250℃$）、膨胀（约 20 倍）成为白色松散颗料，$\gamma_0 = 40 \sim 300 \text{kg/m}^3$，常温 $\lambda = 0.0245 \sim 0.048$，高温 $\lambda = 0.058 \sim 0.175$，低温 $\lambda = 0.028 \sim 0.038$，最高使用温度 $800℃$，为高效能保温、保冷填充材料。

2）磷酸盐膨胀珍珠岩制品：按膨胀珍珠岩 100、磷酸铝溶液 75、硫酸铝溶液 25 及纸浆废液 20 配料，经搅拌、成型、焙烧（$550℃$）而成，$\gamma_0 = 200 \sim 250 \text{kg/m}^3$，$\lambda = 0.044 \sim 0.052$，$R_压 = 0.6 \sim 1.0 \text{MPa}$，最高使用温度 $1000℃$。

3）水玻璃膨胀珍珠岩制品：按膨胀珍珠岩 43.6%，水玻璃 54.6%、赤泥（制铝废料）1.8%配料，经搅拌、成型、干燥、焙烧（$650℃$）而成，$\gamma_0 = 200 \sim 300 \text{kg/m}^3$，$\lambda = 0.055 \sim 0.065$，$R_压 = 0.6 \sim 1.2 \text{MPa}$，最高使用温度 $650℃$。

4）水泥膨胀珍珠岩制品：按膨胀珍珠岩：强度等级为 32.5 的水泥＝8∶1～10∶1（体积比）、水灰比为 2 配料，经干拌、加水拌匀、成型、养护而成。$\gamma_0 = 300 \sim 400 \text{kg/m}^3$，常温 $\lambda = 0.058 \sim 0.087$，低温 $\lambda = 0.081 \sim 0.12$，$R_压 = 0.5 \sim 1.0 \text{MPa}$，最高使用温度 $\leqslant 600℃$。

5）沥青膨胀珍珠岩制品：膨胀珍珠岩（$\gamma_0 < 120 \text{kg/m}^3$）与沥青（软化点 $70 \sim 80℃$）按一定比例加热拌匀后浇注成型，$\gamma_0 = 450 \sim 500 \text{kg/m}^3$，$\lambda = 0.093 \sim 1.163$，$R_压 = 0.2 \sim 1.2 \text{MPa}$，用于常温与负温。

上述四类珍珠岩制品多制成砖、板和管，用于围护结构及管道保温。

（7）膨胀蛭石及其绝热制品

1）膨胀蛭石：原料蛭石经烘干、破碎、筛分、焙烧（$900 \sim 1000℃$）、膨胀（约 20 倍）成为松散颗粒，$\gamma_0 = 80 \sim 200 \text{kg/m}^3$，$\lambda = 0.046 \sim 0.07$，最高使用温度 $1000 \sim 1100℃$，用于填充墙壁、楼板及平屋顶。

2）水泥膨胀蛭石制品：膨胀蛭石 85%～90%，强度等级为 32.5 的水泥 10%～15%（按体积）配料，加水拌和，成型、养护而成，$\gamma_0 = 300 \sim 500 \text{kg/m}^3$，$\lambda = 0.076 \sim 0.105$，$R_压 = 0.2 \sim 1.0 \text{MPa}$，最高使用温度 $< 600℃$。

3）水玻璃膨胀蛭石制品：按膨胀蛭石为 1、水玻璃为 2（重量比），氟硅酸钠为水玻璃用量的 13%左右，把水玻璃与氟硅酸钠拌匀，再加入膨胀蛭石拌匀、浇注、成型、养护而成，$\gamma_0 = 300 \sim 550 \text{kg/m}^3$，$\lambda = 0.079 \sim 0.084$，$R_压 = 0.35 \sim 0.65 \text{MPa}$，最高使用温度 $< 900℃$。

上述膨胀蛭石制品可制成砖、板、管用于围护结构及管道保温。

（8）多孔混凝土

1）泡沫混凝土：$\gamma_0 = 300 \sim 500 \text{kg/m}^3$，$\lambda = 0.082 \sim 0.186$。

2）加气混凝土：$\gamma_0 = 400 \sim 700 \text{kg/m}^3$，$\lambda = 0.093 \sim 0.164$。

上述两种混凝土的 $R_{压} \geqslant 0.4 \text{MPa}$，最高使用温度 $\leqslant 600 \text{℃}$，用于围护结构的保温隔热。

（9）泡沫玻璃

按碎玻璃100、发泡剂（石灰石、碳化钙或焦炭）1～2配料，粉磨、混合、装模、烧成（800℃左右）。最后形成大量封闭、不相连通的气泡，气泡直径 0.1 至 3～5mm，$\gamma_0 = 150 \sim 600 \text{kg/m}^3$，$\lambda = 0.058 \sim 0.128$，$R_{压} = 0.8 \sim 15 \text{MPa}$，最高使用温度 500℃，为高级保温隔热材料，可砌筑墙体，常用于冷藏库隔热。

（10）吸热玻璃

吸热玻璃是一种能够吸收红外能量的玻璃。这种玻璃是在普通硅酸盐玻璃中加入氧化亚铁等能吸热的着色剂或在玻璃表面喷涂氧化锡等而制得的。与厚度相同普通玻璃相比：吸热玻璃的热透过率为 60%，热阻挡为 40%，而普通玻璃的透过率则为 84%，热阻挡为 16%。吸热玻璃装在窗上或作为幕墙材料，确是很好的绝热材料。我国生产茶色、灰色、蓝色的吸热玻璃，不仅保温绝热性能好，并富有装饰性。

（11）热反射玻璃

热反射玻璃也叫镜面玻璃。它是在经过热处理（即钢化）的平板玻璃表面涂敷金属或金属氧化物薄膜而制得的。薄膜的形成方法有：热分解法、金属离子迁移法、真空法等。热反射玻璃具有优良的绝热性能（反射率达 40%），同时由于能制得金、银、灰、茶等色调深浅不同的颜色，故富于装饰性。被称为镜面玻璃是因为它在迎光的一面具有镜子的特性，而在背光的一面则又和平常门窗玻璃一样透明和透视。

在寒冷地区使用这种玻璃最能节省能源，它与普通透明玻璃相比，约可节约 50% 的室内空调费用；而在较热地区使用，则遮光性及绝热性可大为改善。

热反射玻璃多用于门、窗、橱窗上，而近年来已广泛用作高层建筑的幕墙玻璃。

（12）中空玻璃

中空玻璃是由两层或两层以上平板玻璃或钢化玻璃、吸热玻璃及热反射玻璃，以高强度气密性的密封材料，将玻璃与铝合金框架或橡皮条或玻璃条黏合密封，玻璃之间一般留有 10～30mm 的空间，充入干燥的空气，以获得优良的绝热性能。

中空玻璃门窗等构件是在工厂预制而后运去现场安装的。中空玻璃具有保温绝热（可节能约 17%）与减少噪音（可使噪间从 80dB 降低至 30dB）的特性。欧美各国在住宅建筑中广泛采用。并也常用于幕墙中。

（13）窗用绝热薄膜

这种薄膜是以聚酯薄膜经紫外线吸收剂处理后，在真空中施加蒸镀金属粒子沉积层，然后与一有色透明的塑料薄膜压制而成。为了便于粘贴，薄膜表面上常涂有丙烯酸或溶剂基胶黏剂，使用时只要用水湿润即可贴牢在需用的任何玻璃上，使用寿命为 5～10 年。

窗用绝热薄膜对阳光的反射率最高可达 80%，可见光的透过率可下降至 70%～80%（视薄膜的等级而异）。总的来说，窗用绝热薄膜不论在性能上和外观上基本上与热反射玻璃相同，而价格只有热反射玻璃的 1/6。

窗用绝热薄膜商品以卷材供应，其厚度为 $12\sim50\mu m$，宽度 1515mm，长度约为 3000m。

（14）软木及软木板

原料为栓皮栎或黄菠萝树皮，胶料为皮胶、沥青或合成树脂。工艺过程：不加胶料的，将树皮轧碎、筛分、模压、烘焙（400℃左右）而成；加胶料的，在模压前加入胶料。不加胶料的：$\gamma_0<180kg/m^3$；$\lambda=0.058$；$R_{折}=0.15MPa$。加胶料的：$\gamma_0<260kg/m^3$；$\lambda<0.058$；$R_{折}>0.25MPa$。最高使用温度 120℃，散粒软木供填充用，软木板常用热沥青错缝粘贴，用于冷藏库隔热。

（15）泡沫塑料

1）聚苯乙烯泡沫塑料：按苯乙烯树脂粉 100、发泡剂（如碳酸氢钠）2～6 配合比混合，装模、热压成坯（压力 10～15MPa，温度 150～160℃）、冷却后去压脱模、坯料发泡（100～120℃）、膨胀（8～10 倍）成制品，$\gamma_0=20\sim50kg/m^3$，$\lambda=0.031\sim0.047$，$R_{折}=0.15MPa$。可在 75～80℃间使用，可用于屋面、墙面保温，冷藏库隔热，常填充在围护结构中或夹在两层其他材料中间做成夹芯板（复合板）。

2）硬质聚氨酯泡沫塑料：由聚醚树脂与多异氢酸酯加入助剂聚合、发泡而制得的；采用喷涂、模塑、浇注等工艺成型，生产和施工效率高，$\gamma_0\leq45kg/m^3$；$\lambda\leq0.026$（常温）；$R_{压}\geq0.25MPa$；使用温度 -60～120℃，用途与聚苯乙烯泡沫塑料相同。

（16）蜂窝板

蜂窝板是由两块较薄的面板，牢固地黏结在一层较厚的蜂窝状芯材两面而成的板材，亦称蜂窝夹层结构。蜂窝状芯材通常用浸渍过合成树脂（酚醛、聚酯等）的牛皮纸、玻璃布和铝片。

经过加工黏合成六角形空腹（蜂窝状）的整块芯材。芯材的厚度在 1.5～450mm 范围内；空腔的尺寸在 10mm 左右。常用的面板为浸渍过树脂的牛皮纸、玻璃布或不经树脂浸渍的胶合板、纤维板、石膏板等。面板必须用适合的胶黏剂与芯材牢固地黏合在一起，才能显示出蜂窝板的优异特性，即强度重量比大，导热性低和抗震性好等多种功能。

勾缝要求：墙面勾缝应横平竖直、深浅一致，搭接平整，压实抹光，不得有丢缝、开裂和黏结不牢等现象。勾缝完毕，应立即清扫墙面。

砂浆强度等级、配合比：建筑砂浆在建筑工程中，是一项用量大、用途广泛的建筑材料。在砖石结构中，砂浆可以把单块的黏土砖、石块以至砌块胶结起来，构成砌体。砖墙勾缝和大型墙板的接缝也要用砂浆来填充。墙面、地面及梁柱结构的表面都需要用砂浆抹面，起到保护结构和装饰的效果。镶贴大理石、水磨石、贴面砖、瓷砖、马赛克以及制做钢丝网水泥等都要使用砂浆。根据不同用途，建筑砂浆主要可分为砌筑砂浆和抹面砂浆。此外，还有一些绝热、吸声、防水、防腐等特殊用途的砂浆以及专门用于装饰方面的装饰砂浆。

按胶凝材料不同砂浆又可分为水泥砂浆、石灰砂浆和混合砂浆。混合砂浆有水泥石灰砂浆、水泥黏土砂浆和石灰黏土砂浆等。

砂浆强度等级是以边长为 7.07cm 的立方体试块，按标准条件养护至 28d 的抗压强度值确定。常用的砂浆强度等级有 MU1、MU2.5、MU5、MU7.5、MU10（MPa）等五种。特别重要的砌体，才用 10MPa 以上的砂浆。

影响砂浆抗压强度的因素较多。其组成材料的种类也较多，因此很难用简单的公式准确地计算出其抗压强度。在实际工作中，多根据具体的组成材料，采用试配的办法经过试验来确定其抗压强度。对于普通水泥配制的砂浆可参考有关公式计算其抗压强度。

三、工程量计算规则

混凝土圈梁：在墙内沿房屋外墙及横墙、内纵墙设置的连续封闭的梁。一般用钢筋混凝土制成，亦可用配筋砖砌体。用于砖木结构、砖混结构或砖块建筑中以提高房屋的整体刚度，增加建筑物的整体稳定性，提高墙体对复杂因素作用的抵抗能力。如圈梁使墙体受力均匀，增加墙体对横向风力和地震的抗力。有时由于地基土质不均匀，还在基础上加设圈梁，以抵抗地基不均匀沉降对建筑物的危害。圈梁还是砖石房屋或工业厂房围护墙等的抗震构造措施之一。一般设在墙体的底部、顶部和楼层处。在楼层处的圈梁，最好设置在预制楼板的同一水平处，起到紧箍楼板以加强楼盖横向刚度的作用，这是在竖向结构中传递和分配水平力以及发挥空间工作作用的关键构造措施之一。楼梯等错层处，圈梁为门窗洞口被迫切断时，必须错开一定高度 H，增设与原有圈梁两端有一定搭接长度的附加圈梁。其截面应与原圈梁一样，每侧搭接长度应大于 $2H$，且不小于 1m。

圈梁的构造：为保证圈梁确实起到增强房屋刚度，减少不均匀沉降的影响，对圈梁的位置、截面尺寸、配筋等都具有一系列具体规定。一般包括：①圈梁应连续设在墙体的同一水平标高处，并形成封闭状，如无法避免被门窗洞口截断，构造做法见"圈梁的封闭做法"。②刚性房屋方案，圈梁应与横墙连接，其连接形式可在横墙上设置贯通圈梁，或将圈梁伸入横墙 1.5～2m。对于弹性和刚弹性方案房屋，则应保证圈梁与屋架或横梁的连接。③钢筋混凝土圈梁的宽度宜与墙厚相同，当墙厚超过 240mm，圈梁宽度应不小于 2/3 的墙厚。圈梁的高度不应低于 120mm，纵筋不宜小于 4φ8，箍筋间距不宜大于 300mm，纵筋的搭接长度按钢筋受拉考虑。④钢筋砖圈梁应用不低于 M5 的砂浆砌筑。截面高度约为 4～6皮砖，纵筋不宜少于 6φ6，间距不宜大于 120mm，分上下两层设在圈梁底部和顶部的水平灰缝内。⑤圈梁兼作门窗过梁时，过梁部分的钢筋应按计算配置。对于地震区房屋圈梁的构造应符合《建筑抗震设计规范》GB 50011—2010 的要求。

过梁：设置在建筑物的门、窗等洞口上的梁，用以承受上面的墙体或其他结构传来的荷载。

一般有木过梁、钢过梁、砖拱过梁、钢筋砖过梁和钢筋混凝土过梁等。在砖石结构中，多采用后三种过梁，其承受的荷有两种情况。第一种情况是仅考虑墙体自重；当过梁上部墙体高度 h_0 大于等于过梁净跨 l_0 的 1/3 时，其荷载为 $l_0/3$

的墙体自重。当过梁上部墙体高度 h_0 小于等于过梁净跨 l_0 的 1/3 时，其荷载为全部墙体自重。第二种情况是除墙体自重外还考虑承受上部梁板传来的荷载：当 $h_0 > l_0$ 时。由于砖砌体的组合作用，使过梁墙体上部的梁、板荷载由组合墙体直接传给支承过梁的墙体，故此过梁不承受梁、板作用荷载；但当 $h_0 < l_0$ 时，须考虑过梁墙体上部由梁板作用产生的荷载。根据上述荷载作用不同情况，来进行过梁的抗弯强度和斜截面抗剪强度验算。

四、工程内容

砂浆制作、运输：建筑砂浆是由无机胶凝材料，细骨料和水组成的。砂浆的组成材料与混凝土的情况基本相同，只是没有粗骨料，所以砂浆也可以认为是细骨料混凝土。

砌砖：砌砖的操作方法很多，各地的习惯及使用的工具也不尽相同，一般宜用"三一"砌砖法，即是一块砖、一铲灰、一揉压并随手将挤出的砂浆刮去的砌筑方法。其优点是灰缝容易饱满、粘结力好、墙面整洁。

砌砖时，先挂上通线，按所排的干砖位置把第一皮砖砌好，然后盘角，每次盘角不得超过六皮砖，在盘角过程中应随时用托线板检查墙角是否垂直平整，砖层灰缝是否符合皮数杆标志，然后在墙角安装皮数杆，以后即可挂线砌第二皮以上的砖。砌筑过程中应"三皮一吊，五皮一靠"，把砌筑误差消灭在操作过程中，以保证墙面垂直平整。砌一砖半厚的砖墙必须双面挂线。

涂隔垫层：有填料的隔热层（如矿渣、石棉灰和硅藻土等），所有的人工已考虑在内定额内（做完隔热层时，此工也不扣除）。材料则按每 $10m^3$ 隔热体使用矿渣 $1510m^3$，或使用石棉灰 $5000kg$，或使用硅藻土 $7300kg$ 来计算。

装填充料：烟囱隔热层可采用空气隔热层（即筒身与内衬之间留空隙）、矿渣隔热层、石棉灰隔热层或硅藻土隔热层等数种。

砌内衬：常用的材料有黏土砖、耐火砖、耐酸砖、耐热混凝土等。在定额中一般只考虑黏土砖、耐火砖及耐酸砖等三种。

砖砌烟道及内衬工程计算：烟道砌砖及内衬，均扣除孔洞后，以图示实体积计算。烟道与炉体的划分以第一道闸门为界，炉体内的烟道部分列入炉体工程量计算。

勾缝：墙面勾缝应采用加浆勾缝，砂宜用细砂，砂浆配合比为 1：1.5～1：2，稠度为 4～5cm 的水泥砂浆。勾缝应按设计要求做，若无规定时，砖墙多采用凹缝或平缝，凹缝深度一般为 4～5mm。勾缝完毕，应清扫墙面。

材料运输：

（1）外脚手架施工：在筒身外围搭设双排脚手架，操作人员在外架子的脚手板上操作，垂直运输由脚手架外侧设上料架上料，如图 2-10 所示。

（2）无脚手架内插杆操作台施工：无脚手架内插杆操作台如图 2-11 和图 2-12。操作台由钢管插杆插在筒壁中，上铺脚手板而成。每砌完一步架，倒换一次插杆，操作台向上移一步。

上料方法有两种：利用操作台上小吊装架上料或用外井架上料。

（3）内井架提升式内操作台施工：即在筒身内架设竖井架，用捯链将可收缩

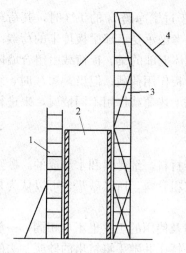

图 2-10　外脚手架施工法

1—脚手架；2—筒身；

3—上料；4—缆风绳

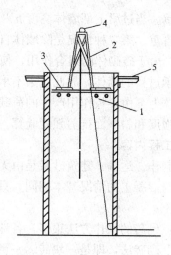

图 2-11　内插工作台小吊装架施工法

1—钢管插杆；2—吊装架；3—架板；

4—滑轮；5—安全网

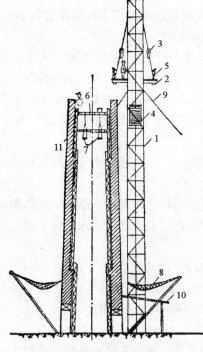

图 2-12　外井架内插杆操作台施工法

1—外井架；2—卸料台；3—捯链；

4—运料笼；5—围栏；6—内插杆工作台；

7—吊梯；8—安全网；9—缆风绳；

10—保护棚；11—筒身

的内吊盘操作台悬挂在井架上，根据施工需要沿着井架向上移挂提升。垂直运输是在井架内安装吊笼上料。如图 2-13 所示。

（4）升降操作台施工：即在烟囱旁边架设一座矩形井架，并围绕烟囱筒身和井架用架杆绑一个升降台架，台上铺设架板，用一台慢速卷扬机控制操作台升降，用一台 JJK 型卷扬机提升设在井架外侧的托盘进行垂直运输，如图 2-14 所示。砖烟囱施工方法还有提升式吊篮操作台施工等，本书不一一介绍。

在计算砖烟囱工程量时，砖烟囱工程量计算为筒身：圆形、方形均按图示筒壁平均中心线周长乘以厚度，并扣除筒身各种孔洞、钢筋混凝土圈梁、过梁等体积，以"m³"计算，其筒壁周长不同时，可按下式分段计算：

$$V = \Sigma HC\pi D$$

式中　V——筒身体积；

H——每段筒身垂直高度；

C——每段筒壁厚度；

D——每段筒壁中心线的平均直径。

【例1】　如图 2-15 所示，求烟囱内衬的工程量（内衬为耐火砖）。注：烟囱内衬按不同内衬材料，并扣除孔洞后，以图示实体积计算。

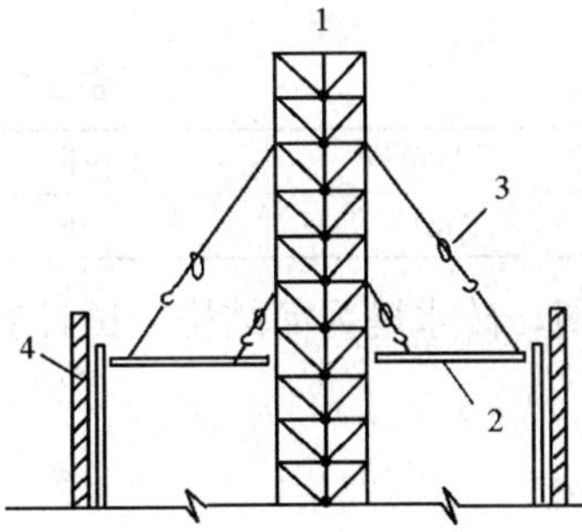

图 2-13　内井架提升式内操作台施工法

1—竖井架；2—操作台；3—捯链；4—筒身

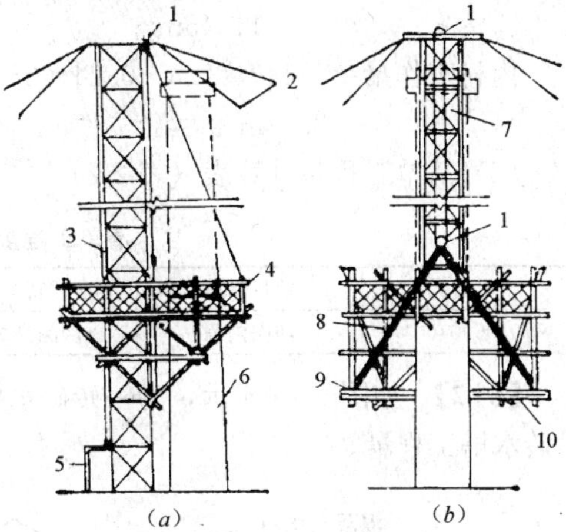

图 2-14　外井架升降操作台施工

（a）正面图；（b）侧面图

1—滑轮摇；2—缆风绳摇；3—竖井架摇；4—操作台；5—托盘摇；6—烟囱摇；7—大股绳摇；8—钢丝绳；9—用三根脚手杆子摇；10—杆子绑成排架

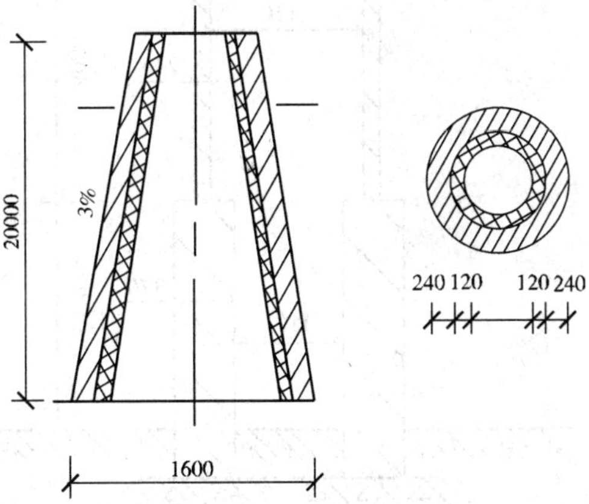

图 2-15　烟囱内衬

【解】（1）2013 清单与 2008 清单对照（表 2-1）

2013 清单与 2008 清单对照表　　　　**表 2-1**

清单	项目编码	项目名称	项目特征	计算单位	工程量计算规则	工作内容
2013 清单	070106004	烟囱内衬	1. 烟囱高度 2. 烟囱上口内径 3. 内衬材料品种、规格	m^3	按设计图示尺寸以体积计算	1. 砌筑、勾缝 2. 材料搅拌、运输浇筑、振捣、养护
2008 清单	2008 清单中无此项内容，2013 清单此项为新增加内容					

✲解题思路及技巧

烟囱内衬通过图形根据 2013 清单进行计算，在计算过程中按图示尺寸以体积计算。

（2）清单工程量

砖砌烟囱工程量＝3.14×(1.6－0.24－2×20/2×3％)×0.24×20

$$=11.45\text{m}^3;$$

内衬工作量$=3.14\times(1.6-0.24\times2-0.12-2\times10\times3\text{‰})\times0.12\times20$

$$=3.01\text{m}^3。$$

（3）清单工程量计算表（表2-2）

清单工程量计算表   表2-2

项目编码	项目名称	项目特征描述	计量单位	工程量
070106004001	烟囱内衬	烟囱高20m	m³	3.01

【例2】 如图2-16所示，为一砖砌水塔示意图，砖水塔为简结构，试计算图示砖水塔工程量。

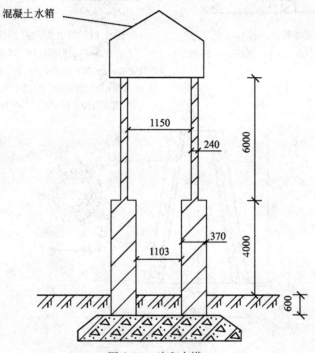

图2-16 砖砌水塔

【解】 （1）2013清单与2008清单对照（表2-3）

2013清单与2008清单对照表   表2-3

清单	项目编码	项目名称	项目特征	计算单位	工程量计算规则	工作内容
2013清单	070302003	水塔	1. 构筑物形状 2. 几何尺寸 3. 壁、梁、柱、隔墙厚度	m²	按现浇混凝土与模板接触面积以平方米计算	1. 模板制作 2. 模板安装、拆除、整理堆放及场内外运输 3. 清理模板粘结物及模内杂物、刷隔离剂等
2008清单	2008清单中无此项内容，2013清单此项为新增加内容					

✿解题思路及技巧

水塔首先要看图纸，经过图然后进行计算，在计算过程中按现浇混凝土与模板接触面积以平方米计算。

（2）清单工程量

1）砖水塔基础砌砖工程量：

370 墙：$V_1 = 3.14 \times (1.103 + 0.365) \times 0.365 \times 0.6$

$\qquad = 1.009 \text{m}^3$

2）370 墙砖水塔工程量：

$V_2 =$ 筒壁中心线周长×壁厚×壁高

$\qquad = 3.14 \times (1.103 + 0.365) \times 0.365 \times 4$

$\qquad = 6.730 \text{m}^3$

3）240 墙砖水塔工程量：

$V_3 =$ 筒壁中心线周长×壁厚×壁高

$\qquad = 3.14 \times (1.115 + 0.24) \times 0.24 \times 6$

$\qquad = 6.127 \text{m}^3$

（3）清单工程量计算表（表 2-4）

清单工程量计算表　　　　　　　　　　　表 2-4

序号	项目编码	项目名称	项目特征描述	计量单位	工程量
1	070302003001	水塔	砖水塔基础，370 墙		1.009
2	070302003002	水塔	370 墙砖水塔	m³	6.730
3	070302003003	水塔	240 墙砖水塔		6.127

第二节　烟　　道
（编码：070202）

一、名词解释

砖烟道：是连接炉体与烟筒的过烟道。它以第一道闸门与炉体分界，闸门前的部分列入炉体工程量内，从第一道闸门后到烟囱外皮为烟道长度。烟道顶多为弧形，弧形顶搁置在两边立墙上。

二、项目特征

烟道装配式大板建筑中一般做成预制钢筋混凝土构件。构件的高度为一个楼层，壁厚为 30mm，上下层构件在楼板外相接。交接处坐浆要密实，最下部放在基础上，最上一层应在屋面上砌砌出烟口，并用预制钢筋混凝土板压顶。

黏土质耐火砖：它是以耐火黏土作为原料，Al_2O_3 含量在 30%～40% 的耐火制品。制品内由莫来石化的黏土把莫来石化的熟料颗粒胶结起来。其主要晶相是莫来石和部分硅氧晶体（以方石英为主，并有少量的磷石英），同时还有相当数量的玻璃相，它能抗酸性渣的侵蚀，而抗碱性渣的能力稍差。抗热冲击性较好，但它的荷重软化温度比其耐火度低得多，这就限制了它的使用范围。然而其软化开始温度与终了温度的间隔却是很宽的（可达 150℃）。

　　耐火砖：是工业炉必不可少的砌筑材料，它具有耐高温不破碎、不变形的特性。

　　耐火砖的分类：耐火砖的分类方法有很多种，其中按材质可分为黏土质耐火砖、高铝质耐火砖、硅质耐火砖和镁质耐火砖等。有关标准对上述各类砖的分类都做了明确规定。

　　1. 黏土质耐火制品

　　是常用的中性耐火材料。它是用耐火黏土和熟料，经粉碎、混合、成型、烧制而成。黏土质耐火制品按砖型的复杂程度又可分为标准型、普通型、异型和特型。

　　标准型砖：凡外型尺寸为 230mm×114mm×65mm 者定名为标准型砖。

　　普通制品，凡具有下述分型特征之一者，定名为普通型制品：质量为 2～8kg；厚度尺寸为 55～75mm；不多于 4 个量尺；大小尺寸比不大于 4；不带凹角、沟、舌、孔、洞或圆弧。异型制品，凡具有下述分型特征之一者，定名为异型制品：质量为 2～15kg；厚度尺寸为 45～95mm；大小尺寸比不大于 6；凹角、圆弧的总数不多于 2 个；沟、舌的总数不多于 4 个；1 个大于 50°～75°的锐角。特型，凡具有下述分型特征之一者，定名为特型制品：质量为 1.5～30kg，厚度尺寸为 33～135mm，管状砖的长度尺寸不大于 300mm；大小尺寸比不大于 8，凹角、圆弧的总数不多于 4 个；沟舌的总数不多于 8 个；1 个 30°～50°的锐角；不多于 1 个孔或洞。

　　2. 高铝质耐火制品

　　是氧化铝含量在 45％以上的一种中性耐火材料。是由矾土或其他氧化铝含量较高的原料经成型和煅烧而成。高铝质耐火制品按砖型复杂程序又可分为标准型、普通型、异型和特型。

　　标准型砖，凡具有下述分型特征之一者，定名为普通型制品：质量为 2～10kg；厚度尺寸为 55～75mm；不多于 4 个量尺；大小尺寸比不大于 4；不带凹角、沟、舌、孔、洞或圆弧。异型制品，凡具有下述分型特征之一者，定名为异型制品：质量为 2～18kg；厚度尺寸为 45～95mm；大小尺寸比不大于 6；凹角、圆弧的总数不多于 2 个；沟、舌的总数不多于 4 个；1 个大于 50°～70°的锐角。特型制品，凡是有下述分型特征之一者，定名为特型制品：质量为 1.5～35kg；厚度尺寸为 35～135mm，管状砖的长度尺寸不大于 300mm；大小尺寸比不大于 8；凹角、圆弧的总数不多于 4 个；沟、舌的总数不多于 8 个；1 个 30°～50°的锐角；不多于 1 个孔或洞。

　　3. 硅质耐火制品

　　是一种二氧化硅含量高于 93％的酸性耐火材料，由粉碎的石英岩或砂岩加少量石灰乳、氧化铁等结合剂成型后烧成。按砖型复杂程度又可分为标准型、普通型、异型和特型。标准型砖：凡外型尺寸符合 230mm×114mm×65mm 者，定名为标准型砖。普通型制品，凡具有下述分型特征之一者，定名为普通型制品：质量为 2～6kg；厚度尺寸为 55～75mm，不多于 4 个量尺；大小尺寸比不大于 4；不带凹角、沟、舌、孔、洞或圆弧。异型制品，凡具有下述分型特征之一者，定名为异型制品：质量为 2～12kg；厚度尺寸 45～95mm；大小尺寸比不大于 5；凹角、圆弧的总数不多于 1 个；沟、舌的总数不多于 2 个；1 个大于 50°～75°的锐角。特型制品，凡具有下述分型特征之一者，定名为特型制品：质量为 1.5～25kg；厚度尺寸为 35～135mm，管状砖的长度尺寸不大于 300mm；大小尺寸不大于 6；凹角、圆弧的总数不多于 4 个；沟、舌的总数不多于 4 个；1 个 30°～50°的锐角；不多于 1 个孔或洞。

4. 镁质耐火制品

是氧化镁含量在 80%～85% 以上的一种碱性耐火材料。由一颗粒组成的镁砂经成型和煅烧而成。

镁制耐火制品包括镁砖和镁铝砖、镁铬砖。它按砖型的复杂程度又可分为标准砖、普通型砖、异型砖、特型砖。

标准型砖：凡外形尺寸符合 230mm×114mm×65mm 者，定名为标准型砖。普通型砖，凡具有下述分型特征之一者，定名为普通型制品：质量为 4～10kg；厚度尺寸为 55～75mm；不多于 4 个量尺；大小尺寸比不大于 4；不带凹角、沟、舌、孔、洞或圆弧。异型砖，凡具有下述分型特征之一者，定名为异型制品：质量为 3.5～18kg；厚度尺寸为 45～95mm；大小尺寸比不大于 6；凹角、圆弧的总数不多于 2 个；1 个大于 50°～70°的锐角；不多于 2 个孔或洞。特型砖，凡具有下述分型特征之一者，定名为特型制品：质量为 3～35kg；厚度尺寸为 35～135mm；大小尺寸比不大于 8；凹角、圆弧的总数不多于 4 个；沟、舌的总数不多于 4 个；1 个 30°～50°的锐角；不多于 3 个孔或洞。

耐火泥品种：

（1）普通泥浆：是由黏土、结合剂与水搅拌调和而成，且具有一定的流动性与黏结性。在砌筑中可用作粘结料，在桩基施工时，调整泥浆的稠度，可用来作护壁泥浆。

（2）高强泥浆：在筑炉工程中也叫高强耐火泥浆。耐火砖需要使用耐火泥浆来砌筑，耐火泥浆的耐火度、化学成分都应尽量与所用砖的耐火度、化学成分相同。耐火泥浆的颗粒组成必须与规定的灰缝相适应，最大颗粒不应大于砖缝的 30%。要求耐火泥浆具有良好的塑性和结合能力。耐火泥浆的主要作用是：

1）使砖牢固地粘结成耐冲击的砖墙。

2）调整砖面的扭曲，均匀地承受荷载。

3）使砌体成为气密性的，能防止漏气，并能防止炉渣等物由砖缝处侵入。

泥浆的调配：耐火泥浆由粉状料和结合剂组成。耐火泥浆一般是用水进行调制的，调制泥浆时，必须称量准确，搅拌均匀、充分。泥渣调制好后，不能再任意加水或胶结料。

墙面勾缝应采用加浆勾缝，砂宜用细砂，砂浆配合比为 1：1.5～1：2，稠度为 4～5cm 的水泥砂浆。勾缝应按设计要求做，若无规定时，砖墙多采用凹缝或平缝，凹缝深度一般为 4～5mm。勾缝完毕，应清扫墙面。

勾缝要求：墙面勾缝应横平竖直、深浅一致，搭接平整，压实抹光，不得有丢缝、开裂和粘结不牢等现象。墙面勾缝应采用加浆勾缝，砂宜用细砂，砂浆配合比为 1:1.5~1:2，稠度为 4~5cm 的水泥砂浆。勾缝应按设计要求做，若无规定时，砖墙多采用凹缝或平缝，凹缝深度一般为 4~5mm。勾缝完毕，应立即清扫墙面。

建筑砂浆在建筑工程中，是一项用量大、用途广泛的建筑材料。在砖石结构中，砂浆可以把单块的黏土砖、石块以至砌块胶结起来，构成砌体。砖墙勾缝和大型墙板的接缝也要用砂浆来填充。墙面、地面及梁柱结构的表面都需要用砂浆抹面，起到保护结构和装饰的效果。镶贴大理石、水磨石、贴面砖、瓷砖、马赛克以及制做钢丝网水泥等都要使用砂浆。根据不同用途，建筑砂浆主要可分为砌筑砂浆和抹面砂浆。此外，还有一些绝热、吸声、防水、防腐等特殊用途的砂浆以及专门用于装饰方面的装饰砂浆。

按胶凝材料不同砂浆又可分为水泥砂浆、石灰砂浆和混合砂浆。混合砂浆有水泥石灰砂浆、水泥黏土砂浆和石灰黏土砂浆等。

砂浆强度等级是以边长为 7.07cm 的立方体试块，按标准条件养护至 28d 的抗压强度值确定。常用的砂浆强度等级有 MU1、MU2.5、MU5、MU7.5、MU10（MPa）等五种。特别重要的砌体，才用 10MPa 以上的砂浆。

三、工程内容

1. 砂浆的现场拌制

经试验室试配确定的砂浆配合比正式下达到施工现场后应严格执行。一般施工现场在砂浆搅拌作业地点，均悬挂配合比指示牌。

砂浆的现场拌制应遵循下述程序：

（1）拌制砂浆前，应对各种原材料进行过秤。搅拌水泥砂浆时，应先将砂及水泥投入，干拌均匀后，再加入水进行搅拌。

（2）搅拌水泥混合砂浆时，应先将粉煤灰、砂、水泥及部分水投入，搅拌基本均匀后，再投入石灰膏或黏土膏加水进行搅拌。

（3）搅拌粉煤灰砂浆时，应先将粉煤灰、砂及水泥投入，干拌均匀后，再投入石灰膏加水进行搅拌。

（4）掺加微沫剂时，其掺量应事先通过试验确定，微沫剂宜用不低于 70℃的水稀释至 5%~10% 的浓度，并随拌和水投入搅拌机内。

2. 砂浆的使用

（1）砂浆拌成后和使用时，均应盛入储灰器中，如砂浆出现泌水现象，应在砌筑前再次拌和。

（2）砂浆应随拌随用。水泥砂浆必须在拌成后 3h，水泥混合砂浆必须在拌成后 4h 内使用完毕。

如施工期间最高气温超过 30℃时，必须在拌成后 2h 和 3h 内使用完毕。尤其不得使用过夜砂浆。

砌砖：经长期砌砖实践，已经总结出成熟的技术经验，被称为"二三八一"砌砖法，即二种步法，三种身法，八种铺浆法和一种挤浆动作。

勾缝：勾缝的操作方法有两种，一种是原浆勾缝，用砌墙的砂浆随砌随勾缝，一般勾成平缝，用于内墙；另一种是加浆勾缝，在砌完墙后用制备好的细砂水泥砂浆勾缝。

勾缝的顺序是从上而下，先勾水平缝，用长溜子将灰浆从托灰板中压入缝内，自右向左随压随勾随移动托灰板。勾完一段后，用溜子自左向右，在砖缝内将灰浆压实、压平、压光，使缝深浅一致。勾立缝用短溜子，在灰板上将灰叫起，勾入缝中，塞实压平。材料运输：在水平运输和垂直运输中，如发现砂浆有泌水现象和分层时，在使用前应重新拌和一次。

砌砖：砌砖工程是施工现场以砂浆为粘结材料，将砖按一定的排布顺序砌筑成为设计所要求的工程。

涂隔热层：面层可分为薄面层和厚面层两种。

薄面层一般为聚合物水泥胶浆抹面，在保温层的所有外表面上涂抹聚合物水泥胶浆，厚度一般为 4～7mm，不宜超过 10mm；加强材料一般为玻璃纤维网格布，或采用纤维和钢丝网，加强材料应埋置在面层中。

厚面层一般仍采用普通水泥砂浆抹面，有的则在龙骨上吊挂薄板覆盖面，厚面层的厚度为 25～30mm，一般是用于钢丝网架聚苯板保温层或岩棉板保温层上。抹灰应分层进行，底层和中层抹灰厚度各约 10mm，中间层应覆盖住钢丝网片；面层砂浆宜用聚合物水泥砂浆，厚度为 5～10mm，分两次抹完，内部埋入耐碱玻璃纤维网格布。各层抹灰后均应洒水养护，并保持湿润。面层自重可通过一端固定在抹灰层内，另一端锚固入主体墙内的钢筋联杆；将荷载传递到墙体结构层内，联杆应在砌墙时预留。

装填充料：外墙夹芯保温体系。夹芯保温外墙一般是由两层砌筑的墙体，中间加保温层构成。内外两层墙体的间距为 50～75mm，通过水平的金属件将内外两叶墙片连接起来。夹芯保温材料可用岩棉板、聚苯乙烯泡沫塑料板、玻璃棉板或袋装膨胀珍珠岩等，夹芯和保温外墙在国外应用普遍，多用于低层别墅和多层住宅建筑中，由于施工困难，在我国应用较少。

勾缝：外壁灰缝应随砌随勾缝，并勾成风雨缝（斜缝）。腰线、挑檐和压顶，应用 1：2 水泥砂浆，抹成 405°或 60°的泛水。

上料方法：①利用操作台上的小吊装架上料；②用外井架上料。如图 2-17 所示。

利用操作台上的小吊装架上料，设备简单易行。内插工作台用的内插杆是用 $\phi73$ 及 $\phi60$ 钢管各 8 根，每根大的（即 $\phi73$）套一根小的（$\phi60$）组成的两组各 4 根可以伸缩的插杆，如图 2-18 所示，钢管的端头插入筒壁的部分可以加工成扁形，便于砌入砖缝内。此外内插杆也可以用角钢制作，利用螺栓，把两根角钢的搭接长度按需要伸长或缩短，端头无须

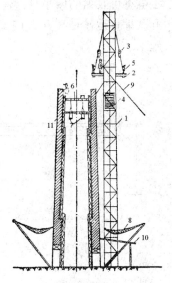

图 2-17　外井架内插杆操
作台施工法

1—竖井架；2—卸料台；3—倒链；
4—运料笼；5—围栏；6—内插
杆工作台；7—吊梯；8—安全网；
9—缆风绳；10—保护棚；
11—烟囱筒身

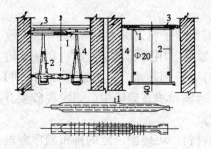

图 2-18　活动插杆及吊梯图

1—活动插杆；2—吊梯；3—工作台；4—筒身

加工，正好占住竖缝、水平缝的位置，使用方便可靠。每向上移动一次操作台时，只安装一组。

插杆，待砌到适当高度，把第二组插杆安装上，再将下面的脚手板移上来，然后拆除第一组内插杆，以便移至更上一层使用。插杆插入墙内 10cm 左右为宜。

小吊装架是垂直运输设备，架子用钢管、角钢焊接而成，上部平面尺寸为 50cm×30cm，装一个滑轮；下部平面尺寸为 100cm×120cm；架子高度 180cm。吊装架安在操作台中央，并随操作台往上移动。

安全网架用轻型薄壁钢制作，如图 2-19 所示。支架数量根据烟囱周长而定，1m 左右安设一个。烟囱的外径是变化的，一般可利用外爬梯将安全网支架用钢丝绳箍紧于烟囱上，安全网架随操作台向上提升。

吊梯是用来搬移插杆和脚手板，堵脚手眼之用。操作人员先将吊梯挂到上层已放好的插杆上，拴好安全带放置吊梯板，即可站在吊梯板上工作。

若采用外井架上料，井架上需要附设由倒链提升的卸料台，位置经常保持略高于砌筑工作面，减少内插杆上搬移小吊装架的劳动。

内井架提升式内操作台施工法，如图 2-20 所示。在筒身内架设竖井架，用倒链将可收缩的内吊盘操作台悬挂在井架上，根据施工需要沿着井架向上移动提升。垂直运输是在井架内安装吊笼上料。此法适用于口径 2m 以上的较大烟囱施工。

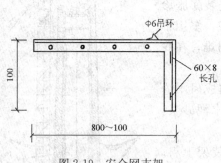

图 2-19　安全网支架

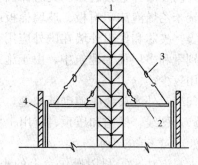

图 2-20　内井架提升式内操作台施工法

1—竖井架；2—操作台；3—倒链；4—筒身

竖井架的孔数根据烟囱内径大小决定，可以是多孔、单孔。但不论采用哪一种，都应保证在竖井架周围有一定的工作面。内吊盘操作台一般是由三个 10 号或 12 号槽钢圈（即内钢圈、中钢圈和外钢圈）及方木辐射梁、铺板组成。内钢圈的大小以能套住竖井架为准，中钢圈应比烟囱上口内径稍小些，外钢圈直径约等于烟囱上、下口径平均值。施工中采用收缩或锯短辐射梁、拆除外钢圈等方法操作，随烟囱直径逐渐缩小。操作台一般用 8～12 个倒链和 φ12～φ16 钢丝绳悬挂在井架上。安装后的操作台应以 2 倍的荷重进行荷载试验以保证施工的安全。操作台上的材料，不宜堆置过多，应随用随运。如烟囱筒身下部筒壁较厚，可搭设一段外脚手架，以便内外同时砌筑，加快进度。

总之，砌筑砖烟囱筒身的垂直运输设备和脚手架形式，应该根据烟囱的结构情况，结合本地施工条件、材料供应、工期要求及瓦工操作水平和习惯等因素综合考虑选用。

四、工程量计算

$$烟道工程量＝立墙体积＋弧顶体积$$

立墙体积按一般墙体方法计算。弧墙顶拱据设计图标注尺寸不同有两种计算方法：

（1）当拱弧标注尺寸为矢高 f 时

$$弧顶体积＝d \cdot b \cdot l \cdot k$$

式中　d——拱顶厚度；

　　　b——中心线跨距；

　　　l——拱顶长度；

　　　k——延长系数，由 f/b 的值可通过拱顶弧长系数表查到。

（2）当拱顶标注尺寸为圆弧半径 R 和中心角 ϕ 时

$$弧形体积 ＝ \pi\theta°/180° \times R \cdot d \cdot l$$

【例 3】　计算如图 2-21 所示烟道的工程量（设烟道长为 20m）。

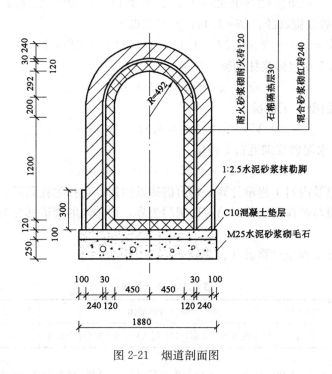

图 2-21　烟道剖面图

【解】　（1）2013 清单与 2008 清单对照（表 2-5）

2013 清单与 2008 清单对照表　　　　**表 2-5**

清单	项目编码	项目名称	项目特征	计算单位	工程量计算规则	工作内容
2013 清单	070202001	烟道	1. 烟道断面净空尺寸、长度 2. 砌块品种、规格、强度等级 3. 勾缝要求 4. 砂浆强度等级、配合比	m^3	按设计图示尺寸以体积计算	1. 砂浆制作、运输 2. 砌块砌筑 3. 勾缝
2008 清单	2008 清单中无此项内容，2013 清单此项为新增加内容					

✲解题思路及技巧

烟道通过看图进行计算，在计算过程中烟道砌砖及内衬，均扣除孔洞后，以图示实体积计算。

（2）清单工程量

1）耐火砂浆砌 120 耐火砖工程量：

$$V = 20 \times (2 \times 1.52 + 0.9 + 1.02 \times 1.296) \times 0.12 = 12.63\text{m}^3$$

注：因 $b=1.02$，$f=0.352$，$b \div f=1.02 \div 0.352=2.9$，所以 $f/b=1/2.90$，用插值法求得 $k=1.296$

2）石棉隔层工程量($b=1.17$，$f=0.427$)

$$V = 20 \times (2 \times 1.52 + 1.17 \times 1.331) \times 0.03 = 2.76\text{m}^3$$

3）混合砂浆砌红砖：($b=1.44$，$f=0.562$)

$$V = 20 \times (2 \times 1.52 + 1.44 \times 1.361) \times 0.24 = 24.00\text{m}^3$$

4）1∶2.5 水浆砂浆抹勒脚工程量

$$S = 20 \times 0.3 \times 2 = 12.00\text{m}^2$$

5）C10 混凝土工程量

$$V = 20 \times 0.1 \times 1.88 = 3.76\text{m}^3$$

6）M25 水泥砂浆砌毛石工程量

$$V = 20 \times 0.25 \times 1.88 = 9.40\text{m}^3$$

砖砌烟道及内衬工程量计算：烟道砌砖及内衬，均扣除孔洞后，以图示实体积计算。烟道与炉体的划分以第一道闸门为界，炉体内的烟道部分列入炉体工程量计算。

（3）清单工程量计算表（表 2-6）

清单工程量计算表　　　　**表 2-6**

项目编码	项目名称	项目特征描述	计量单位	工程量
070202001001	烟道	烟道截面形为拱形，120 耐火砖，1∶2.5 水泥砂浆	m^3	12.63

【例 4】 如图 2-22 所示，已知烟道延长 15m，M5 混合砂浆砌砖、耐火砖内衬，求砖砌烟道及内衬的工程量。

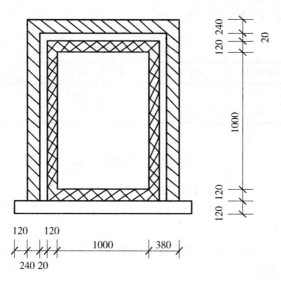

图 2-22　砖砌烟道示意图

【解】（1）2013 清单与 2008 清单对照（表 2-7）

2013 清单与 2008 清单对照表　　　　　　　　　　表 2-7

序号	清单	项目编码	项目名称	项目特征	计算单位	工程量计算规则	工作内容
1	2013 清单	070202001	烟道	1. 烟道断面净空尺寸、长度 2. 砌块品种、规格、强度等级 3. 勾缝要求 4. 砂浆强度等级、配合比	m³	按设计图示尺寸以体积计算	1. 砂浆制作、运输 2. 砌块砌筑 3. 勾缝
	2008 清单	2008 清单中无此项内容，2013 清单此项为新增加内容					
2	2013 清单	070106004	烟囱内衬	1. 烟囱高度 2. 烟囱上口内径 3. 内衬材料品种、规格	m³	按设计图示尺寸以体积计算	1. 砌筑、勾缝 2. 材料搅拌、运输浇筑、振捣、养护
	2008 清单	2008 清单中无此项内容，2013 清单此项为新增加内容					

✿解题思路及技巧

烟道通过看图进行计算，在计算过程中烟道砌砖及内衬，均扣除孔洞后，以图示实体积计算。

（2）清单工程量

内衬工程量＝（1.24×2＋1.0×2）×0.12×15＝8.064m³；

砖砌烟道工程量＝（1.5×2＋1.0＋0.38×2）×0.24×15＝17.136m³。

（3）清单工程量计算表（表 2-8）

清单工程量计算表　　　　　表 2-8

序号	项目编码	项目名称	项目特征描述	计量单位	工程量
1	070202001001	烟道	M5 混合砂浆砌砖	m³	17.136
2	070106004001	烟囱内衬	耐火砖	m³	8.064

<h1 style="text-align:center">第三节　沟槽（道）</h1>
（编码：070203）

一、名词解释

砌筑沟道：将砂浆作为胶结材料，将块材结合成沟道整体，以满足正常使用要求及承受各种荷载。

二、项目特征

砂浆：又称"灰浆"。由胶结材料和细集料按适当比例混合拌匀而成的一种胶结材料或抹面材料。砂浆的种类很多，根据所选用原材料的不同，可配制成不同品种、不同性能和不同用途的砂浆。例如，用无机胶凝材料（水泥、石灰、石膏等），细集料（砂、水淬矿渣、炉渣等）和水拌制成的建筑砂浆（简称"砂浆"），在建筑工业中用作砌筑和抹面材料；用沥青、矿粉（石粉等）和砂拌制成的沥青砂浆，用作防水和耐酸材料。

三、工程内容

砌筑：是将砂浆作为胶结材料将块材结合成整体，以满足正常使用要求及承受各种荷载。块材分为砖、石及砌块三大类。

勾缝：勾缝指用勾缝器将水泥砂浆填塞于砖墙灰缝之内。

抹灰：一般抹灰按使用要求、质量标准和操作工序不同，又分为以下三级。

1. 普通抹灰

做法是一底层、一面层，两遍成活（或者连续两次涂抹，一遍成活）。主要工序是分层赶平、修理和表面压光。适用于简易宿舍、仓库、地下室及临时设施工程。

2. 中级抹灰

做法是一底层、一中层、一面层，三遍成活。主要工序是阳角找方，设置冲筋，分层赶平，修整和表面压光。适用于一般工业建筑和民用建筑，如住宅、宿舍、办公楼、教学楼以及高级建筑物中的附属用房等。

3. 高级抹灰

做法是一底层、数层中层、一面层，多遍成活。主要工序是阴阳角找方，设置冲筋，分层赶平，修整和表面压光。适用于公共性建筑物和纪念性建筑物，如剧院、展览馆和高级宾馆以及有特殊要求的高级建筑。

【例5】暖气沟（图 2-23）及其他砖砌沟道不分墙身和墙基均按图示尺寸计算实体积，其工程量合并计算。

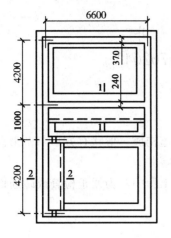

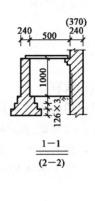

图 2-23　暖气沟

【解】　(1) 2013 清单与 2008 清单对照（表 2-9）

2013 清单与 2008 清单对照表　　　　　　　　　　　表 2-9

清单	项目编码	项目名称	项目特征	计算单位	工程量计算规则	工作内容
2013 清单	070203001	沟道(槽)	1. 沟道断面净空尺寸 2. 砌块品种、规格、强度等级 3. 砂浆类别与强度等级	m³	按设计图示尺寸以体积计算，不扣除单个面积≤0.3m² 的孔洞所占体积	1. 砌块砌筑 2. 勾缝
2008 清单	2008 清单中无此项内容，2013 清单此项为新增加内容					

✤**解题思路及技巧**

沟道（槽）按设计图示尺寸以体积计算，不扣除单个面积≤0.3m² 的孔洞所占体积。

(2) 清单工程量

暖气沟工程量 $V = 0.24 \times (1 + 0.378 + 0.394) \times (4.2 - 0.24 + 6.6 - 0.24)$
$\qquad = 4.39 \text{m}^3$

　贴心助手

0.24 表示暖气沟的厚度，（1＋0.378＋0.394）表示暖气沟的高度，（4.2－0.24＋6.6－0.24）表示暖气沟的长度，0.394 是折加高度。

(3) 清单工程量计算表（表 2-10）

清单工程量计算表　　　　　　　　　　　表 2-10

项目编码	项目名称	项目特征描述	计量单位	工程量
070203001001	沟道(槽)	厚 0.24m，高 1.772m，长 10.32m	m³	4.39

第四节　井
（编码：070204）

一、名词解释

井一般包括砖窨井和检查井。

砖窨井：由井底座、井壁、井圈和井道构成。形状有方形与圆形两种。一般多用圆窨井，在管径大、支管多时则用方窨井。

检查井：是上下水道或其他地下管线工程中，为便于检查或疏通而设置的井状建筑物。

二、项目特征

井截面：井壁一般要收分。砌筑时应先计算上口与底板直径之差，求出收分尺寸，确定在何层收分及井截面，然后逐皮砌筑收分到顶，并留出井座及井盖高度。同时用卷尺检查各方向的尺寸，以免砌成椭圆井和斜井。

通常井底的垫层采用混凝土浇筑，如果底面较小的井，也可用碎石或碎砖经夯实作垫层。检查井及化粪池不分壁厚均以"m³"计算，洞口上的砖平拱石旋等并入砌体体积内计算。

底板厚度、井座与井盖可用铸铁或钢筋混凝土制成。在井座安装前，测好标高水平再在井口先做一层100～150mm厚的混凝土封口，封口凝固后再在其上铺水泥砂浆，将铸铁井座安装好。

底板一般采用混凝土浇筑，当井较深、荷载较大时，也做成钢筋混凝土底板。

勾缝要求：凡设计中要安装预制隔板的，砌筑时应在墙上留出实施隔板的槽口，隔板插入槽内后，应用1∶3水泥砂浆将隔板槽缝填嵌牢固。

混凝土强度等级：钢筋混凝土贮水池定额主要分为池底、池壁、池盖三个项目，套用定额时与高度无关。如果是砖（石）贮水池所用的钢筋混凝土盖板，套用钢筋混凝土水池的"盖板"定额项目。砖（石）贮水池钢筋混凝土圈梁，套用"钢筋混凝土"工程部分圈梁定额。

砂浆强度等级、配合比：砂浆应采用水泥砂浆、强度等级按图纸确定，稠度控制在80～100mm，冬期施工时砂浆使用时间不超过2h，每个台班应留设一组砂浆试块。

防潮层材料种类：窨井主要有矩形和圆形两种形式。砖（石）窨井按图示尺寸以实有体积计量，钢筋混凝土窨井分别按底、壁顶以体积计量，套用相应定额。

三、工程内容

土方挖、填、运：根据施工图中井的坐标测定出在地面上的位置，并于每个井的中心钉一根临时木桩，桩上钉一小钉，代表窨井中心，同时测出桩顶相对标高，作为土方计量、挖土深浅及放坡时的依据。根据道沟走向定位线和龙门板确定的下挖标高开始挖土，并按土质情况确定放坡。挖好管沟后应找好坡度。在寒冷地区，还应注意管沟的深度，必须深于冻土层。挖出的土应根据工程量及工程的需要，用人力车或铲运机运至堆土场。

砂浆制作、运输：用 1：2 水泥砂浆，或按设计要求的配合比配制，必要时可掺入水泥重 3%～5% 的防水粉。

铺设垫层：浇筑垫层可用土壁作模板，大的管沟需由木工模板。混凝土运到浇灌地点，根据沟槽深度必要时应设置留槽，避免小车直接将混凝土倾入沟槽中造成混凝土离析。混凝土浇灌入模后应振捣密实，表面抹平，做出坡度（井池底垫层铺设同管沟，但不必找坡度）。

勾缝：井池壁一般只采用原浆勾缝和内壁抹灰，它们的工料均已在筒身定额中综合考虑，因此不再另行计算，如果设计特别规定要加浆勾缝者，则可按砖墙装饰中"勾缝"项目定额计算。

抹灰：化粪池墙体砌完后，就可进行墙身的内外抹灰。内墙可采用三层作法，外墙采用五层做法，其操作工艺顺序为：

（1）基层表面清理：将砖墙表面的混凝土水泥浆、砖墙的"舌头灰"等清除干净，浇水湿润。

（2）化粪池抹灰要求按普通抹灰标准掌握，但厚度和密实度有严格要求。

抹防潮层：一般砂浆工程的"零星项目"适用于各种壁柜、碗柜、过人洞、暖气窝、池槽、花台、台阶的牵边、楼梯的侧面以及 $1m^2$ 以内的其他抹灰。

回填：定额中的人工原土打夯是指（不包括回填土在内的）自然状态下的土面（如已挖好的槽坑的底面）的夯实，以及其他需要打夯的原形土面，它包括对需要夯实的平面进行碎土、平土、找平、夯实等操作过程。

材料运输：当设计要求的砂浆强度等级不同时，不影响到定额砂浆耗用量的多少，只调整定额基价和工料分析中砂浆的原材料量。

在审查材料运输费的同时，要审查节约材料费用的措施，以努力降低材料费用。为了有效地做好材料预算价格的审查工作，首先要根据设计文件确定材料耗用量，以耗用量大的主要材料作为审查的重点。

第二部分　清单算量典型实例

第三章 砌筑构筑物工程典型实例

【例 1】 如图 3-1、图 3-2 所示，砖烟囱分为三段，每段高均为 10m，下段外包直径为 2.25m，筒壁厚为 0.25m，其他各段直径及筒壁厚见图示尺寸，求筒身工程量并套用定额及清单。

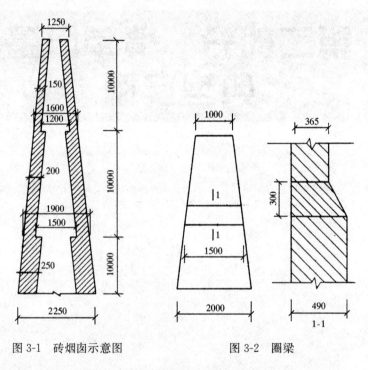

图 3-1 砖烟囱示意图   图 3-2 圈梁

【解】 （1）2013 清单与 2008 清单对照（表 3-1）

2013 清单与 2008 清单对照表   表 3-1

清单	项目编码	项目名称	项目特征	计算单位	工程量计算规则	工作内容
2013 清单	070201002	烟囱筒壁	1. 烟囱高度 2. 烟囱上口内径 3. 砌块品种、规格、强度等级 4. 勾缝要求 5. 砂浆强度等级、配合比	m³	按设计图示尺寸以体积计算，扣除各种孔洞、钢筋混凝土圈梁、过梁等的体积	1. 砂浆制作、运输 2. 砌块砌筑 3. 勾缝
2008 清单	2008 清单中无此项内容，2013 清单此项为新增加内容					

✿解题思路及技巧

烟囱筒壁在计算时，不扣除构件内钢筋及单个面积≤0.3m² 的孔洞所占体积，根据公式进行计算。

（2）清单工程量

1）烟囱下段体积

下口中心直径＝2.25－0.25×2＝1.75m；

上口中心直径＝1.90－0.25×2＝1.4m；

筒壁厚为 0.25m；

下段体积＝3.14×(1.75＋1.4)/2×10×0.25＝12.36m³。

 贴心助手

> 1.75 为下口中心直径，1.4 为上口中心直径，10 为高度，0.25 为壁厚。

2）烟囱中段体积

下口中心直径＝1.90－0.20×2＝1.5m；

上口中心直径＝1.60－0.20×2＝1.2m；

筒壁厚为 0.20m；

则中段体积＝3.14× (1.5＋1.2) /2×10×0.2＝8.48m³。

 贴心助手

> 1.5 为下口中心直径，1.2 为上口中心直径，10 为高度，0.2 为壁厚。

3）烟囱上段体积

下口中心直径＝1.6－0.15×2＝1.3m；

上口中心直径＝1.25－0.15×2＝0.95m；

筒壁厚为 0.15m；

上段体积＝3.14×(1.3＋0.95)/2×10×0.15＝5.30m³。

 贴心助手

> 1.3 为下口中心直径，0.95 为上口中心直径，10 为高度，0.15 为壁厚。

4）砖烟囱筒身体积

$$V = 12.36 ＋ 8.48 ＋ 5.30 = 26.14m^3。$$

（3）清单工程量计算表（表 3-2）

清单工程量计算表　　　　　　　　　　　　　　　表 3-2

项目编码	项目名称	项目特征描述	计量单位	工程量
070106002001	烟囱筒壁	烟囱高 30m，壁厚分别为 0.25m、025m、0.15m	m³	26.14

【例 2】 计算如图 3-3 所示砖烟囱筒壁工程量及钢筋混凝土圈梁工程量。

【解】 （1）2013 清单与 2008 清单对照（表 3-3）

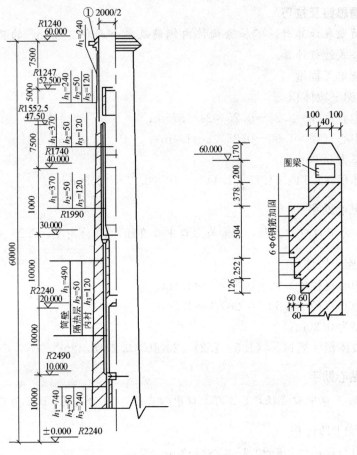

图 3-3 烟囱筒身简图

2013 清单与 2008 清单对照表 表 3-3

序号	清单	项目编码	项目名称	项目特征	计算单位	工程量计算规则	工作内容
1	2013 清单	070201004	烟囱顶部圈梁	1. 烟囱高度 2. 烟囱上口内径 3. 混凝土种类 4. 混凝土强度等级	m³	按设计图示尺寸以体积计算，不扣除构件内钢筋、预埋铁件所占体积	1. 模板及支架（撑）制作、安装、拆除、堆放、运输及清理模内杂物、刷隔离剂等 2. 混凝土制作、运输、浇筑、振捣、养护
	2008 清单	2008 清单中无此项内容，2013 清单此项为新增加内容					
2	2013 清单	070201002	烟囱筒壁	1. 烟囱高度 2. 烟囱上口内径 3. 砌块品种、规格、强度等级 4. 勾缝要求 5. 砂浆强度等级、配合比	m³	按设计图示尺寸以体积计算，扣除各种孔洞、钢筋混凝土圈梁、过梁等的体积	1. 砂浆制作、运输 2. 砌块砌筑 3. 勾缝
	2008 清单	2008 清单中无此项内容，2013 清单此项为新增加内容					

✱解题思路及技巧

烟囱筒壁在计算时，不扣除构件内钢筋及单个面积≤0.3m² 的孔洞所占体积，根据公式进行计算。

(2) 清单工程量

1) 钢筋混凝土圈梁工程量为：

$V = 2\pi \times 1.12 \times 0.24 \times 0.20 \text{m}^3 = 0.34 \text{m}^3$

 贴心助手

1.12 为烟囱半径，0.24 为圈梁宽，0.2 为圈梁高。

2) 砖砌烟囱筒壁工程量为：

$V = [10.0\pi(2.37 + 2.12) \times 0.74 + 20.00\pi(2.245 + 1.745) \times 0.49 + 17.5\pi$
$(1.805 + 1.3675) \times 0.37 + 12.5\pi(1.4325 + 1.12) \times 0.24 + 2\pi \times 1.24 \times$
$(0.18 \times 0.504 + 0.12 \times 0.252 + 0.06 + 0.126) - 0.34 - 3.67] \text{m}^3$
$= 314.04 \text{m}^3$

(3) 清单工程量计算表（表 3-4）

清单工程量计算表　　　　表 3-4

序号	项目编码	项目名称	项目特征描述	计量单位	工程量
1	070201004001	烟囱顶部圈梁	梁截面为原形，$R = 1.12$m 钢筋混凝土圈梁	m³	0.34
2	070201002001	烟囱筒壁	筒身高 60.0m	m³	314.04

【例 3】　计算如图 3-4 所示砖烟囱筒身的工程量和工料消耗量。砖烟囱高度 $H = 20$m，分两段，在中部及顶部有内、外挑檐，囱身坡度 2.5%，壁厚度 240mm，隔热、空气层 50mm，内衬 120mm，筒底砌衬产砖 120mm 厚。

【解】(1) 2013 清单与 2008 清单对照（表 3-5）

2013 清单与 2008 清单对照表　　　　表 3-5

序号	清单	项目编码	项目名称	项目特征	计算单位	工程量计算规则	工作内容
1	2013 清单	070201004	烟囱顶部圈梁	1. 烟囱高度 2. 烟囱上口内径 3. 混凝土种类 4. 混凝土强度等级	m³	按设计图示尺寸以体积计算，不扣除构件内钢筋、预埋铁件所占体积	1. 模板及支架(撑)制作、安装、拆除、堆放、运输及清理模内杂物、刷隔离剂等 2. 混凝土制作、运输、浇筑、振捣、养护
	2008 清单	2008 清单中无此项内容，2013 清单此项为新增加内容					

续表

序号	清单	项目编码	项目名称	项目特征	计算单位	工程量计算规则	工作内容
2	2013清单	070201002	烟囱筒壁	1. 烟囱高度 2. 烟囱上口内径 3. 砌块品种、规格、强度等级 4. 勾缝要求 5. 砂浆强度等级、配合比	m³	按设计图示尺寸以体积计算，扣除各种孔洞、钢筋混凝土圈梁、过梁等的体积	1. 砂浆制作、运输 2. 砌块砌筑 3. 勾缝
	2008清单	2008清单中无此项内容，2013清单此项为新增加内容					

✿解题思路及技巧

烟囱筒壁在计算时，不扣除构件内钢筋及单个面积≤0.3m² 的孔洞所占体积，根据公式进行计算。

(2) 清单工程量

① 标高±0.000m 到 20.000m 筒身

$V_1 = 0.24 \times \pi[(1.28 \times 2 + 0.78 \times 2)/2 - 0.24] \times 20 = 27.45m^3$

② 标高+10.000m 处砖砌内悬壁

内悬壁断面积为 $= 0.25 \times 0.06 + 0.25 \times 0.12 = 0.045m^2$

平均半径$=[(1.03-0.24-0.03) \times 0.015 + (1.03-0.24-0.06)$
$\times 0.03]/0.045$

$=0.74m$

$V_2 = 2\pi \times 0.74 \times 0.045 = 0.209mm^3$

③ 烟囱顶部挑砖

挑檐断面积$=0.126 \times 0.06 + 0.252 \times 0.12 + 0.504 \times 0.18 = 0.129m^2$

平均半径$=[7.56 \times 10^{-3} \times (0.78+0.03) + 0.03 \times (0.78+0.06) + 0.09 \times$
$(0.78+0.09)]/0.129$

$=0.849m$

$V_3 = 2\pi \times 0.849 \times 0.129m^3 = 0.69m^3$

④ 应扣除部分

a. 出灰口

按图示，出灰口尺寸为 0.84×0.8，则：

$V_4 = 0.84 \times 0.8 \times 0.24 = 0.16m^3$

b. 烟道口

按图示尺寸，应扣除体积为：

$V_5 = (0.68 \times 0.84 + \pi/2 \times 0.42^2) \times 0.24 = 0.30m^3$

c. 钢筋混凝土圈梁

$V_6 = 0.24^2 \times (1.2325 - 0.120) \times 2\pi = 1.69m^3$

d. 烟囱筒身工程量

$V = \Sigma V_i = 27.43 + 2.09 + 0.69 - 0.16 - 0.2 - 0.4 = 29.45m^3$

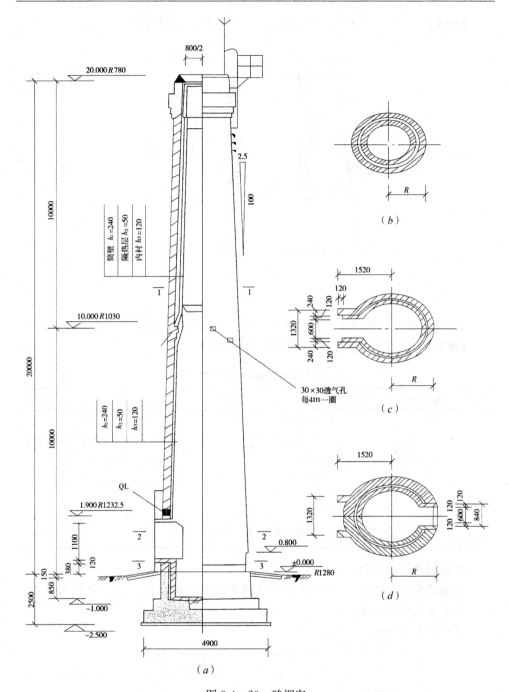

图 3-4 20m 砖烟囱
(a) 立面图；(b) 1—1 剖面图；(c) 2—2 剖面图；(d) 3—3 剖面图

（3）清单工程量计算表（表 3-6）

清单工程量计算表 表 3-6

序号	项目编码	项目名称	项目特征描述	计量单位	工程量
1	070201004001	烟囱顶部圈梁	梁截面 240mm×240mm	m³	0.40
2	070201002001	烟囱筒壁	筒身高 20m	m³	29.45

【例4】 如图3-5所示，求烟囱内衬的工程量（内衬为耐火砖）。

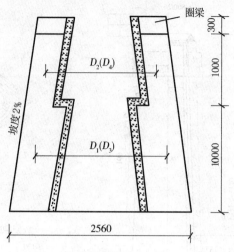

图 3-5 烟囱筒身示意图

【注释】烟囱内衬按不同内衬材料，并扣除孔洞后，以图示实体积计算。

【解】（1）2013清单与2008清单对照（表3-7）

2013清单与2008清单对照表 表 3-7

清单	项目编码	项目名称	项目特征	计算单位	工程量计算规则	工作内容
2013清单	070201002	烟囱筒壁	1. 烟囱高度 2. 烟囱上口内径 3. 砌块品种、规格、强度等级 4. 勾缝要求 5. 砂浆强度等级、配合比	m³	按设计图示尺寸以体积计算，扣除各种孔洞、钢筋混凝土圈梁、过梁等的体积	1. 砂浆制作、运输 2. 砌块砌筑 3. 勾缝
2008清单	2008清单中无此项内容，2013清单此项为新增加内容					

❋解题思路及技巧

烟囱筒壁在计算时，不扣除构件内钢筋及单个面积≤0.3m² 的孔洞所占体积，根据公式进行计算。

（2）清单工程量

$$D_1 = 2.56 - 0.365 - 5 \times 2\% \times 2 = 1.995\text{m}$$
$$D_2 = 2.56 - 0.24 - (10 + 9.8/2) \times 2\% \times 2 = 1.72\text{m}$$
$$则 V_1 = 10 \times 0.365 \times 3.14 \times 1.995 = 22.86\text{m}^3$$
$$V_2 = 9.8 \times 0.24 \times 3.14 \times 1.72 = 12.70\text{m}^3$$
$$V = V_1 + V_2 = 35.56\text{m}^3$$

（3）清单工程量计算表（表3-8）

清单工程量计算表 表 3-8

项目编码	项目名称	项目特征描述	计量单位	工程量
070201002001	烟囱筒壁	筒身高 20.0m	m³	35.56

【例5】　如图 3-6 所示，已知烟道延长 10m，M5 混合砂浆砌砖、耐火砖内衬，求砖砌烟道及内衬的工程量。

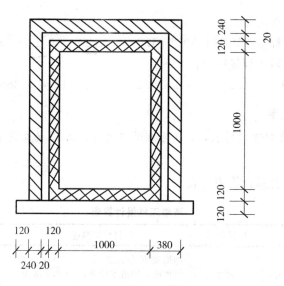

图 3-6　烟囱筒身示意图

【解】（1）2013 清单与 2008 清单对照（表 3-9）

2013 清单与 2008 清单对照表　　　　　　表 3-9

序号	清单	项目编码	项目名称	项目特征	计算单位	工程量计算规则	工作内容
1	2013 清单	070202001	烟道	1. 烟道断面净空尺寸、长度 2. 砌块品种、规格、强度等级 3. 勾缝要求 4. 砂浆强度等级、配合比	m³	按设计图示尺寸以体积计算	1. 砂浆制作、运输 2. 砌块砌筑 3. 勾缝
	2008 清单	2008 清单中无此项内容，2013 清单此项为新增加内容					
2	2013 清单	070107005	烟道内衬	1. 烟道断面净空尺寸、长度 2. 内衬材料品种、规格	m³	按设计图示尺寸以体积计算	1. 模板及支架（撑）制作、安装、拆除、堆放、运输及清理模内杂物、刷隔离剂等 2. 砌筑、勾缝 3. 材料搅拌、运输浇筑、振捣、养护
	2008 清单	2008 清单中无此项内容，2013 清单此项为新增加内容					

✽解题思路及技巧

烟道通过看图进行计算，在计算过程中烟道砌砖及内衬，均扣除孔洞后，以图示实体积计算。

（2）清单工程量

砖砌烟道工程量：$V=(1.5\times2+1.0+0.38\times2)\times0.24\times10=11.42\text{m}^3$。

砖砌烟道内衬工程量计算：

$$V=(1.24\times2+1.0\times2)\times0.12\times10=5.38\text{m}^3$$

 贴心助手

1.24×2 为烟道内衬长，1.0 为烟道内衬宽，0.12 为烟道内衬厚，10 为烟道延长的长度。

（3）清单工程量计算表（表3-10）

清单工程量计算表　　　　　　　　　表 3-10

序号	项目编码	项目名称	项目特征描述	计量单位	工程量
1	070202001001	烟道	烟道截面为长方形，长 10m，120 耐火砖，用耐水砂浆，1：2.5 水泥砂浆	m³	11.42
2	070107005002	烟道内衬	M5 混合砂浆、耐火砖，内衬	m³	5.38

第四章　混凝土构筑物工程典型实例

1. 贮水（油）池

【释义】贮水池：用来贮存水的池槽，多用于现浇混凝土浇制。贮水池不分平底、锥底、坡底，均按池底计算；壁基梁、池壁不分圆形壁和矩形壁，均按池壁计算。

2. 贮仓

【释义】贮仓：工业用贮仓分为斗仓和筒仓两种，因本定额中有贮仓而又有筒仓一项，所以贮仓一项特指斗仓，斗仓是工艺结构的过渡容器仓，它包括立壁、漏斗和支架系统（图4-1）。斗仓按所用材料的不同可分为钢斗仓和钢筋混凝土斗仓两种，后者多为矩形，所以在计算钢筋耗用时应套用矩形系数。

图 4-1　斗仓示意图

矩形仓分立壁和漏斗。按不同厚度计算其体积。立壁和漏斗的分界线以相互交点的水平线为分界线（图4-1）。两壁交界处的圈梁并入到漏斗的工程量内计算。基础、支承漏斗的柱和柱间的连系梁分别按混凝土分部的相应项目计算。

3. 水塔

【释义】水塔：分为砖筒身砖加筋水箱水塔、钢筋混凝土水塔、砖筒身钢筋混凝土水箱水塔、钢木支架及钢木水箱水塔、钢筋混凝土支架钢筋混凝土水箱水塔。

水塔构件分为四项：塔顶及槽底、塔身、水箱内外壁、回廊及平台。其中塔身分为筒式和柱式两种。常见水塔按各部位所使用材料不同可分为砖筒身砖加筋水箱水塔、钢筋混凝土水塔、砖筒身钢筋混凝土水箱水塔、钢木支架及钢木水箱水塔、钢筋混凝土支架钢筋混凝土水箱水塔、装配式水塔、钢筋混凝土倒锥壳水塔、烟囱水塔。在本定额中将钢筋混凝土倒锥壳水塔单独列项。常见水塔构造示意如图4-2所示。

砖筒身砖加筋水箱水塔适用于水箱容量为 $30m^3$、$50m^3$ 的小型水塔，其优点是施工方便、设备简单、节约三大材料。

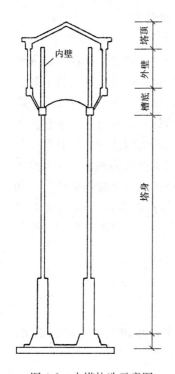

图 4-2　水塔构造示意图

钢筋混凝土水塔塔身和水箱全部采用钢筋混凝土浇筑。一般常见于水箱容量较大或水箱高度较高者。

砖筒身钢筋混凝土水箱水塔适用于水箱容量30～200m³。筒身用砖砌筑，故施工方便。

钢木支架及钢木水箱水塔是用金属做支架及水箱，可在工厂预制，现场安装。适用于施工期限短的工地。但用钢较多，用木材做支架及水箱，一般用在盛产木材的地区。

钢筋混凝土支架、钢筋混凝土水箱水塔，塔身由四根、六根钢筋混凝土柱组成框架式的空间结构。水箱由钢筋混凝土做成。这种水塔结构轻巧，坚固耐用，节约材料，装配式水塔是由钢丝网水泥水箱、装配式预应力钢筋混凝土抽空杆及板式基础组成。除基础现浇外，水箱及支架杆件均预制吊装。这种水塔节约材料，便于机械化施工。

烟囱水塔利用烟囱做为水塔的塔身，将水箱套在烟囱筒身上，水箱常用钢筋混凝土浇筑，一般常见于水箱容量较大或水塔较高者。水塔的基础分现浇混凝土基础或砖基，按实际套用相应基础定额。砖水塔的基础以混凝土砖砌体交接处为界线；柱式塔身以柱脚与基础底板或梁交接处为分界线，与基础底板连接的梁，并入基础内计算。

筒身与槽底的分界，以与槽底相连的圈梁底为界。圈梁底以上为槽底，以下为筒身。混凝土筒式塔身以实体积计算。依附于筒身的过梁、雨篷、挑檐等工程量并入筒壁体积内计算。柱式塔身不分柱（包括斜柱）、梁，均以实体积合并计算。柱式塔身本身即一座钢筋混凝土框架。

水槽即水塔顶部蓄水的部分，又称为水箱，由塔顶、槽底、内壁、外壁及圈梁组成。混凝土塔顶及槽底的工程量合并计算。塔顶包括顶板和圈梁，槽底包括底板、挑出斜壁和圈梁。槽底不分平底、拱底。塔顶不分锥形、球形，均应按相应项目计算。与塔顶、槽底相联系的直壁或斜壁叫水槽的内外壁。保温水槽外保护壁为外壁。直接承受水的侧压力的水槽壁为内壁。非保温水塔的水槽壁按内壁计算，如图4-3所示。回廊是指围绕塔身或水槽的外廊，平台包括塔身内外的平台板。回廊与平台板均以实体积计。

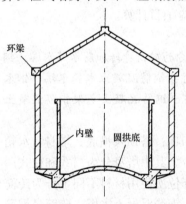

图4-3 水槽构造示意图

环梁

内壁　圆拱底

【例1】 计算塔顶及槽底工程量。

【解】（1）2013清单与2008清单对照（表4-1）

✿解题思路及技巧

钢筋混凝土塔顶及槽底（图4-4）工程量合并计算。塔顶包括顶板、圈梁；槽底包括底板、挑出斜壁和圈梁。

					2013 清单与 2008 清单对照表	表 4-1

清单	项目编码	项目名称	项目特征	计量单位	工程量计算规则	工作内容
2013 清单	070103003	水塔水箱	1. 水箱容积 2. 混凝土种类 3. 混凝土强度等级	m³	按设计图示尺寸以体积计算，不扣除构件内钢筋、预埋铁件及单个面积≤0.3m² 的孔洞所占体积	1. 模板及支架（撑）制作、安装、拆除、堆放、运输及清理模内杂物、刷隔离剂等 2. 混凝土制作、运输、浇筑、振捣、养护 3. 混凝土预制构件、组装、提升、就位 4. 砂浆制作、运输 5. 接头灌缝、养护
2008 清单	2008 清单中无此项内容，2013 清单此项为新增加内容					

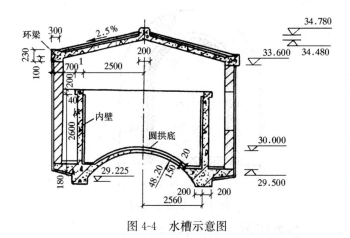

图 4-4　水槽示意图

（2）清单工程量。

1）塔顶工程量计算。

从图 4-4 中可以看出，塔顶为锥形、环形圈梁和锥顶圆柱三部分。其体积计算如下：

计算公式：$V = \pi r K t$

式中　V——体积（m³）；

　　　r——半径（m）；

　　　K——斜高（m）；

　　　t——板厚（m）。

$V = 3.14 \times (2.5 + 0.12 + 0.7) \times [3.32^2 + (3.32 \times 0.025)^2]^{0.5} \times 0.08 + 2\pi \times (3.32 + 0.15) \times 0.23 \times 0.30$

　　$= 4.28 \text{m}^3$

 贴心助手

　　2.5+0.12+0.7 为塔中心至塔内边缘的半径，3.32 即为塔中心至塔内边缘的半径，0.025 为斜坡坡度，3.32×0.025 为斜坡所对的垂直段长度，则斜长可知。πRL 即为顶盖圆锥的表面积，0.08 为顶盖厚度。0.3 为水塔环梁的宽度，0.23 为环梁的高度，3.32+0.15 为至环梁中心线的半径则环梁体积可知。

2）槽底工程量计算

如图4-4槽底为一拱底，其球冠部分工程量为（圈梁和提出斜壁工程量未计）：

$$V = \pi[(2.56-0.2)^2 + (30-29.225-0.15/2)^2] \times 0.15 = 2.85\text{m}^3$$

工程量合计：4.28+2.85＝7.13m³

（3）清单工程量计算表（表4-2）

清单工程量计算表　　　　　　　　　　　　　　　表 4-2

项目编码	项目名称	项目特征描述	计量单位	工程量
070103003001	水塔水箱	钢筋混凝土塔顶及槽底	m³	7.13

【例2】 计算烟道砌砖和烟道内衬（图4-5）清单工程量。

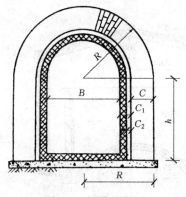

图 4-5　烟道示意图

【解】（1）2013清单与2008清单对照（表4-3）

2013清单与2008清单对照表　　　　　　　　　　　表 4-3

序号	清单	项目编码	项目名称	项目特征	计量单位	工程量计算规则	工作内容
1	2013清单	070202001	烟道	1. 烟道断面净空尺寸、长度 2. 砌块品种、规格、强度等级 3. 勾缝要求 4. 砂浆强度等级、配合比	m³	按设计图示尺寸以体积计算	1. 砂浆制作、运输 2. 砌块砌筑 3. 勾缝
	2008清单	2008清单中无此项内容，2013清单此项为新增加内容					
2	2013清单	070107005	烟道内衬	1. 烟道断面净空尺寸、长度 2. 内衬材料品种、规格	m³	按设计图示尺寸以体积计算	1. 模板及支架（撑）制作、安装、拆除、堆放、运输及清理模内杂物、刷隔离剂等 2. 砌筑、勾缝 3. 材料搅拌、运输浇筑、振捣、养护
	2008清单	2008清单中无此项内容，2013清单此项为新增加内容					

✤解题思路及技巧

烟道通过看图进行计算，在计算过程中烟道砌砖及内衬，均扣除孔洞后，以图示实体积计算。

（2）清单工程量

1）烟道砌砖

已知：$c=240$，$h=2600$，$c_1=120$，$c_2=50$，$R=760$，$L=5000$，烟道砌砖工程量计算公式：

$$V = c \times [h \times 2 + (R - C/2)\pi] \times L$$
$$= 0.24 \times [2.6 \times 2 + (0.76 - 0.24/2) \times 3.14] \times 5$$
$$= 0.24 \times 7.21 \times 5$$
$$= 8.65 \text{m}^3$$

2）烟道内衬

烟道内衬工程量计算公式：

$$V = C_1 \times [h \times 2 + (R - C - C_2 - C_1/2)\pi + (R - C - C_1 - C_2) \times 2]L$$
$$= 0.12 \times [2.6 \times 2 + (0.76 - 0.24 - 0.05 - 0.12/2) \times 3.14 + (0.76 - 0.24 - 0.12 - 0.05) \times 2] \times 5$$
$$= 0.12 \times (5.2 + 1.29 + 0.7) \times 5$$
$$= 4.31 \text{m}^3$$

（3）清单工程量计算表（表 4-4）

清单工程量计算表 表 4-4

序号	项目编码	项目名称	项目特征描述	计量单位	工程量
1	070202001001	烟道	烟道断面如图 2-11 所示	m³	8.65
2	070107005001	烟道内衬	烟道内衬如图 2-11 所示	m³	4.31

4. 烟囱

砖烟囱（图 4-6）中混凝土圈梁和过梁，应按实体积计算。

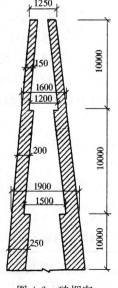

图 4-6 砖烟囱

【例3】 计算烟囱筒身工程量。

【解】（1）2013清单与2008清单对照（表4-5）

2013清单与2008清单对照表 表4-5

清单	项目编码	项目名称	项目特征	计算单位	工程量计算规则	工作内容
2013清单	070106002	烟囱筒壁	1. 烟囱高度 2. 烟囱上口内径 3. 混凝土种类 4. 混凝土强度等级	m³	按设计图示尺寸以体积计算，不扣除构件内钢筋、预埋铁件及单个面积≤0.3m²的孔洞所占体积，钢筋混凝土烟囱基础包括基础底板及筒座，筒座以上为筒壁	1. 模板及支架（撑）制作、安装、拆除、堆放、运输及清理模内杂物、刷隔离剂等 2. 混凝土制作、运输、浇筑、振捣、养护
2008清单	2008清单中无此项内容，2013清单此项为新增加内容					

✾**解题思路及技巧**

烟囱筒壁在计算时，不扣除构件内钢筋及单个面积≤0.3m²的孔洞所占体积，根据公式进行计算。

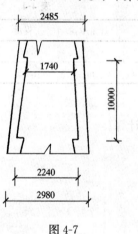

图4-7

（2）清单工程量

烟囱筒身，不论圆形、方形烟囱均按实砌体积计算，扣除孔洞及钢筋混凝土圈梁、过梁等所占体积。

筒身工程量应按不同壁厚分段计算（图4-7），筒身每段体积计算如下：

每段体积计算公式：$V = hC(D+d)/2\pi$

式中 V——体积（m³）；

h——段高（m）；

C——壁厚（m）；

D——下口中心线直径（m），为$(D_1+D_2)/2$；

d——上口中心线直径（m），为$(d_1+d_2)/2$。

如图1-13所示砖烟囱壁厚365mm一段为例，计算其体积。

经计算：$D=(2.98+2.24)/2=2.61m$

$d=(2.49+1.74)/2=2.11m$

$V=10×0.365×(2.6+2.11)/2×3.14=27.00m³$

（3）清单工程量计算表（表4-6）

清单工程量计算表 表4-6

项目编码	项目名称	项目特征描述	计量单位	工程量
070201002001	烟囱筒壁	上口内径2.11m	m³	27.00

【例4】 计算如图 4-8 所示砖砌筒身、内衬钢筋加固的工程量。

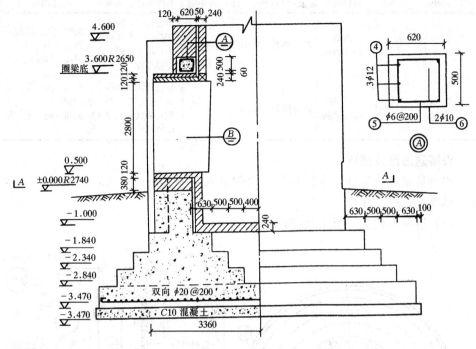

图 4-8 某砖砌烟囱筒身基础图

【解】（1）2013 清单与 2008 清单对照（表 4-7）

2013 清单与 2008 清单对照表 表 4-7

序号	清单	项目编码	项目名称	项目特征	计算单位	工程量计算规则	工作内容
1	2013 清单	070201002	烟囱筒壁	1. 烟囱高度 2. 烟囱上口内径 3. 砌块品种、规格、强度等级 4. 勾缝要求 5. 砂浆强度等级、配合比	m³	按设计图示尺寸以体积计算，扣除各种孔洞、钢筋混凝土圈梁、过梁等的体积	1. 砂浆制作、运输 2. 砌块砌筑 3. 勾缝
	2008 清单	2008 清单中无此项内容，2013 清单此项为新增加内容					
2	2013 清单	070201004	烟囱顶部圈梁	1. 烟囱高度 2. 烟囱上口内径 3. 混凝土种类 4. 混凝土强度等级	m³	按设计图示尺寸以体积计算，不扣除构件内钢筋、预埋铁件所占体积	1. 模板及支架（撑）制作、安装、拆除、堆放、运输及清理模内杂物、刷隔离剂等 2. 混凝土制作、运输、浇筑、振捣、养护
	2008 清单	2008 清单中无此项内容，2013 清单此项为新增加内容					

续表

序号	清单	项目编码	项目名称	项目特征	计算单位	工程量计算规则	工作内容
3	2013清单	010515001	现浇构件钢筋	钢筋种类、规格	t	按设计图示钢筋（网）长度（面积）乘单位理论质量计算	1. 钢筋制作、运输 2. 钢筋安装 3. 焊接（绑扎）
	2008清单	010416001	现浇混凝土钢筋	钢筋种类、规格	t	按设计图示钢筋（网）长度（面积）乘以单位理论质量计算	1. 钢筋（网、笼）制作、运输 2. 钢筋（网、笼）安装

✻解题思路及技巧

烟囱筒壁在计算时，不扣除构件内钢筋及单个面积≤0.3m² 的孔洞所占体积，根据公式进行计算。

（2）清单工程量（图 4-9～图 4-11）

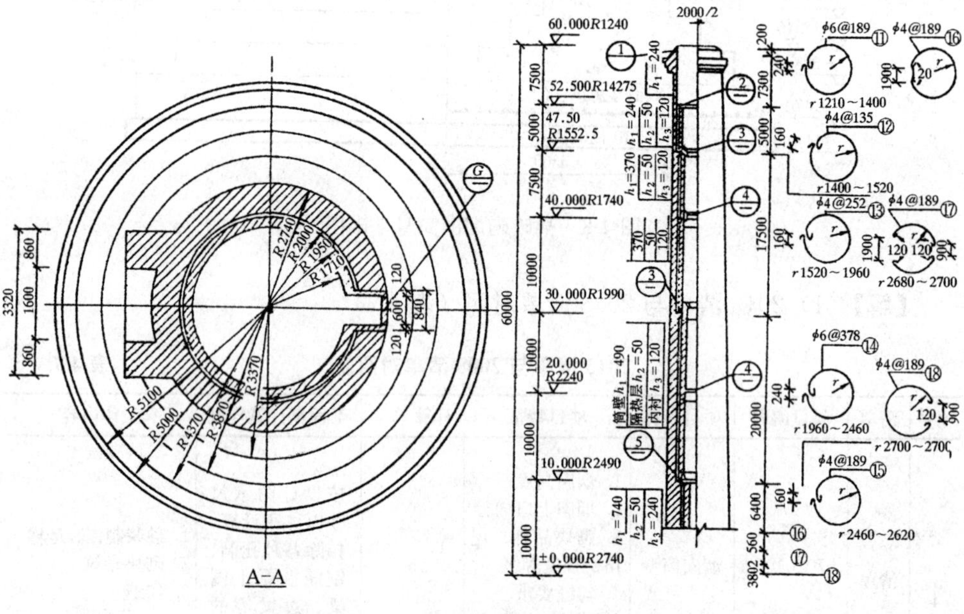

图 4-9　A-A 剖面图及烟囱筒身立面

1）砖砌烟囱筒身工程量的计算

① [3.14×(4.74+4.24)÷2×10−1.6×2.8(烟道口)−0.6×0.8(出灰口)]×0.74+(1.2+0.6)÷2×0.86×4.6×2(烟道口附垛)=[141.0−4.48−0.48]×0.74+7.12=100.67+7.12=107.79m³

② 3.14×(4.49+3.49)÷2×20×0.49=122.78m³

③ 3.14×(3.61+2.735)÷2×17.5×0.365=63.63m³

④ 3.14×（2.865+2.24）÷2×12.3×0.24=23.66m³

说明：a. 本图尺寸标高以“m”计，其余以“mm”计。

b. 红砖为 MU7.5，筒身砂浆用 M5 水泥石灰混合砂浆，内衬采用黏土浆。

c. 混凝土强度等级：筒身部分均为 C15。

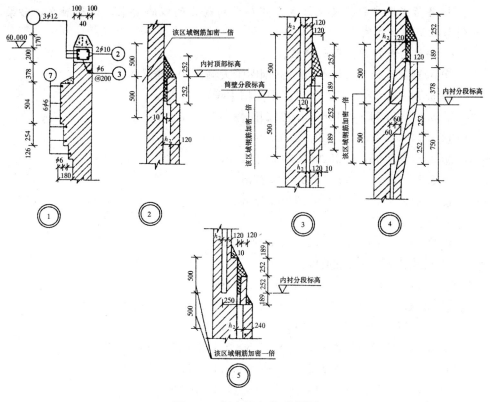

图 4-10　烟囱筒身①-⑤详图

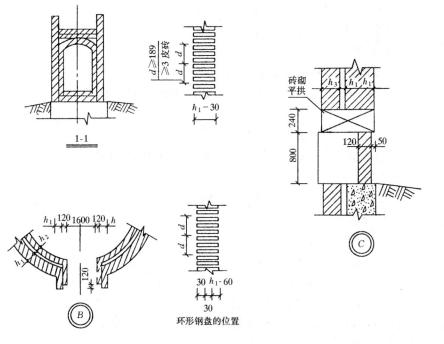

图 4-11　烟囱筒身Ⓑ和Ⓒ详图

d. 各节点图中斜格义叉线表示用砂浆所粉出的线脚要求，以利泄水，砂浆材料与砌筑内衬相同。

e. 隔热材料：用空气隔热层。

⑤ $3.14 \times 2.66 \times 0.504 \times 0.18$(烟囱帽大箍)$=0.76m^3$

⑥ $3.14 \times 2.6 \times 0.252 \times 0.12$(烟囱帽中箍)$=0.25m^3$

⑦ $3.14 \times 2.54 \times 0.126 \times 0.06$(烟囱帽小箍)$=0.06m^3$

⑧ $3.14 \times 2.325 \times 0.252 \times 0.045 = 0.08m^3$

⑨ $3.14 \times 2.95 \times 0.252 \times 0.045 = 0.11m^3$

⑩ $3.14 \times 2.65 \times 0.5 \times 0.09 = 0.37m^3$

⑪ $3.14 \times 3.41 \times 0.5 \times 0.09 = 0.48m^3$

工程量共计 319.97m³。

圈梁$=3.14 \times 4.44 \times 0.62 \times 0.5 = 4.32m^3$

2）砖砌内衬工程量的计算

① $3.14 \times 1.95 \times 2 \times 0.24$(底板)$=2.94m^3$

② $[3.14 \times (3.66+3.16) \div 2 \times 11 - 1.6 \times 2.8 - 0.6 \times 0.8] \times 0.24$
$=[117.78-4.48-0.48] \times 0.24 = 27.3m^3$

③ $3.14 \times (3.785+2.16) \div 2 \times 42.5 \times 0.115 = 45.62m^3$

④ $3.14 \times 3.285 \times (0.252-0.189) \times 0.115 = 0.07m^3$

⑤ $3.14 \times 3.545 \times 0.504 \times (0.24-0.115) = 0.7m^3$

⑥ $3.14 \times 3.265 \times (0.378+0.189) \times 0.115 = 0.67m^3$

⑦ $3.14 \times 2.775 \times 0.189 \times 0.115 = 0.19m^3$

⑧ $3.14 \times 2.275 \times (0.378+0.189) \times 0.115 = 0.47m^3$

⑨ $3.14 \times 2.16 \times 0.189 \times 0.115 = 0.15m^3$

工程量总计 78.11m³。

3）砌体钢筋加固时钢筋总重量计算

① 7号 $\phi6$:$(1.24+0.12) \times 2 \times 3.14 + 0.24 + 0.08 \times (0.006 \times 6.25 \times 2)$
$=8.79m$

重量:$6 \times 8.79 \times 0.222 = 11.71kg$

② 11号 $\phi6$:$(7.3-0.378-0.504-0.252-0.126) \div 0.189$
$=32$根

$(1.21+1.4) \times 3.14 + 0.24 + 0.08m$
$=8.52m$

重量:$32 \times 8.52 \times 0.222 = 60.53kg$

③ 12号 $\phi4$:$5 \div 0.135 = 37$根

$(1.4+1.52) \times 3.14 + 0.16 + 0.004 \times 6.25 \times 2 = 9.38m$

重量:$37 \times 9.38 \times 0.099 = 34.4kg$

④ 13号 $\phi4$:$17.5 \div 0.252 = 69$根

$(1.52+1.96) \times 3.14 + 0.16 + 0.05 = 11.14m$

重量:$69 \times 11.14 \times 0.099 = 76.10kg$

⑤ 14 号 $\phi 6$: $20 \div 0.378 = 53$ 根

$(1.96 + 2.46) \times 3.14 + 0.24 + 0.08 = 14.20m$

重量: $53 \times 14.20 \times 0.222 = 167.08kg$

⑥ 15 号 $\phi 4$: $6.42 \div 0.189 = 34$ 根

$(2.46 + 2.62) \times 3.14 + 0.16 + 0.05 = 16.16m$

重量: $34 \times 16.16 \times 0.099 = 54.40kg$

⑦ 16 号 $\phi 4$: $2.56 \div 0.189 = 14$ 根

$(2.62 + 2.68) \times 3.14 + 0.12 \times 2 - 1.9 + 0.05 = 15.03m$

重量: $14 \times 15.03 \times 0.099 = 20.83kg$

⑧ 17 号 $\phi 4$: $0.66 \div 0.189 = 4$ 根

$(2.68 + 2.7) \times 3.14 + 0.12 \times 4 - 0.9 - 1.9 + 0.1 = 14.67m$

重量: $4 \times 14.67 \times 0.099 = 5.81kg$

⑨ 18 号 $\phi 4$: $0.38 \div 0.189 = 2$ 根

$(2.7 + 2.71) \times 3.14 + 0.12 \times 2 - 0.9 + 0.05 = 16.38m$

重量: $2 \times 16.38 \times 0.099 = 3.24kg$

钢筋总重量为: $11.71 + 60.53 + 34.4 + 76.10 + 167.08 + 54.4 + 20.83 + 5.81 + 3.24 = 434.1kg = 0.43t$。

(3) 清单工程量计算表 (表 4-8)

清单工程量计算表 表 4-8

序号	项目编码	项目名称	项目特征描述	计量单位	工程量
1	070201002001	烟囱筒壁	圈梁截面如图 2-14~2-17 所示	m³	319.97
2	070201002002	烟囱筒壁	圈梁截面如图 2-14~2-17 所示	m³	78.11
3	070201004001	烟囱顶部圈梁	圈梁截面如图 2-14~2-17 所示	m³	4.32
4	010515001001	现浇构件钢筋	钢筋计算如图 2-15、图 2-16	t	0.43

【例 5】 计算如图 4-12 所示,求混凝土圈梁的体积并套用定额及清单。

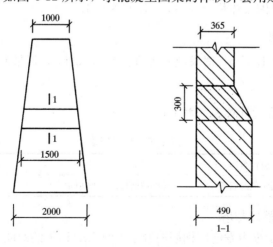

图 4-12 混凝土圈梁

【解】（1）2013 清单与 2008 清单对照（表 4-9）

2013 清单与 2008 清单对照表　　　　表 4-9

清单	项目编码	项目名称	项目特征	计算单位	工程量计算规则	工作内容
2013 清单	070201004	烟囱顶部圈梁	1. 烟囱高度 2. 烟囱上口内径 3. 混凝土种类 4. 混凝土强度等级	m³	按设计图示尺寸以体积计算，不扣除构件内钢筋、预埋铁件所占体积	1. 模板及支架（撑）制作、安装、拆除、堆放、运输及清理模内杂物、刷隔离剂等 2. 混凝土制作、运输、浇筑、振捣、养护
2008 清单	2008 清单中无此项内容，2013 清单此项为新增加内容					

✿ 解题思路及技巧

烟囱顶部圈梁通过看图纸在急性计算，在计算过程中不扣除构件内钢筋、预埋铁件所占面积。

（2）清单工程量

$$圈梁体积 = \pi \times 圈梁圆周中心直径 \times 断面面积$$

圈梁圆周中心直径 $= 1.5 - (0.365 + 0.49)/2 = 1.07$m。

 贴心助手

1.5 为中部口的直径，0.365 为上部的壁厚，0.49 为下部的壁厚。

圈梁截面面积 $= 0.3 \times 1/2 \times (0.365 + 0.49) = 0.129$m²。

 贴心助手

0.365 为上部的壁厚，0.49 为下部的壁厚，则平均厚度可知，圈梁的高度为 0.3m。

圈梁体积 $= 3.14 \times 1.07 \times 0.129 = 0.43$m³。

 贴心助手

中心直径为 1.07m，圈梁的截面面积为 0.129m²。圈梁的体积＝周长×圈梁截面面积。

（3）清单工程量计算表（表 4-10）

清单工程量计算表　　　　表 4-10

项目编码	项目名称	项目特征描述	计量单位	工程量
070201004001	烟囱顶部圈梁	圈梁截面如图 2-18 所示	m³	0.43

5. 双曲线自然冷却塔

本定额适用于火力发电厂钢筋混凝土 10000m² 以下的双曲线自然冷却塔，淋水面积在 1500m² 以内的冷却塔套用"筒壁 3500m² 以下"定额，风筒部分人工费乘以系数 1.15；淋水面积在 $10000m^2$ 及以上的冷却塔，套用"筒壁 $9000m^2$ 以下"定额，人工费乘以系数 0.97。我国火力发电厂一般采用自然通风双曲线冷却塔，这种冷却塔由现浇钢筋混凝土蓄水池、筒身以及塔芯淋水装置组成。淋水装置系由基础、支柱、横梁、板框、支撑梁、配水槽、注水槽等预制构件现场安装组成。